空间营造

刘玉龙 著

中国建筑工业出版社

序

《空间营造》是我的设计院同事刘玉龙建筑师的新著。初次翻阅时，我注意到这本书的两个很明显的特点：一是书名相对宽泛中性，二是如目录编号所显示出来的那样，书中内容由项目设计和学术文章两条既独立又相互穿插交织的线索作为结构组织起来。

从 19 世纪末 20 世纪初开始，作为一个具有独立明确含义的建筑学术语，"空间"逐渐发展成为建筑学专业内谈论建筑和思考设计绕不开的用词，而"营造"则几乎包含了整个以体形环境为工作对象的建筑业。正如梁思成先生的体形环境论定义的，"细自一灯一砚，一杯一碟，大至整个的城市，以至一个地区内的若干城市间的联系……都是体形环境计划的对象"[①]。所以在本书这样一个看似宽泛平实的标题下，我能体会作者在他的书名背后所想要传达的观点、立场，或者说主张，即一种对广泛普遍性有意识的主动回归和对建筑学基本问题的再关注。用玉龙自己的话说，他试图以源于功能和类型又同时对其有所超越的项目实践和学术思考，探寻一种"人文主义视野下的理性营造"。

我想，这样的一种学术追求，这样一种在设计和研究工作中所体现出来的态度，与玉龙的师承和执业经历是分不开的。

一方面是"理性"。设计院，特别是高校设计院，是集生产、研究乃至教学等任务于一身的机构，面对的经常是要求高、规模大、功能复杂的重点建筑类型与项目，并且院内是建筑、结构、设备等各专业齐全、相互协调配合的工作模式。或许因为身处这样的工作环境之中，玉龙得以探索并找到一些平实理性又兼容并包的营造手法，形成了其强调建筑的理性逻辑并以之为设计重要基础

的建筑创作特色。

另一方面是"人文"。在一个具有鲜明技术性社会特征的时代里，物联网、云计算、大数据、人工智能，以及各种功能性新材料的层出不穷，在给人们带来前所未有便利的同时，也加剧了现代生活的紧张感。建筑以及由建筑所构成的空间环境，既是技术的载体，也是生活的容器，其是否可以更积极地反映甚至补偿人们对精神生活的多样需求？这在当今社会显得尤为重要。玉龙师从我国著名建筑学家、教育家关肇邺院士。关先生一贯重视建筑对人的观念、品位的影响，提倡建筑与自然及人文环境的和谐，强调建筑设计应尊重历史、尊重环境，并体现一定的"时代精神"，主张"重要的是得体，不是豪华与新奇"。或许得益于常年陪伴关先生左右的耳濡目染，玉龙的建筑创作能够在诸如校园建筑、医疗建筑、科研建筑、文化建筑等类型的诸多大型、重点项目实践中，始终保有对人最本真需求的关注，探求理性与人文相结合的设计意境，形成既富于理性逻辑、注重建筑空间的物质建造，又体现人文情境、人本体验和审美趣味，特别是中国式人文诗意的建筑表达，以"人文主义视野下的理性营造"，为技术社会中的人们提供具有文化意义的积极空间环境。这对于一个从事实践的建筑师来说无疑是难能可贵的，从其所发表的文章和完成的设计成果看，这一方向的成果是显著的。

这是一种在多年的教育和工作中养成的、对"理性"与"人文"有意识地融会、平衡与折衷。由于一些原因，折衷和折衷主义长期带有某种程度的贬义色彩，然而，职业建筑师"设计"活动所指向的既要满足空间的功能使用目的，又要实现创作主体的精神意义追

---

① 引自：梁思成.清华大学营建学系（现称建筑工程学系）学制及学程计划草案 [M]// 梁思成.梁思成全集：第五卷.北京：中国建筑工业出版社，2001.

求的平衡，决定了其执业活动的折衷性。作为职业建筑师，"设计"就是在对各种错综复杂的因素进行主动有意识的策划、权衡、组织并赋予结构秩序的过程中进行创造的学科，而建筑设计作为各种设计中相关因素最为复杂的集大成者尤其如此。近现代以来，布扎体系和现代主义这两个看似非常不同甚或对立的建筑传统，实则从理性主义的角度，有着很多共同点，也都以一种普世的价值观和对应的方法论将建筑学科的科学化向前推进。随着近年来我国建筑界对老一辈学成归来的建筑学者和建筑师理论与实践的进一步梳理、反思和总结，这两种传统对我国建筑学科和设计行业产生的深远影响和价值得到了新的阐释和发掘。我个人认为，玉龙的建筑实践和思考，正是在对这两种传统殊途同归的汇流、延续和发展的思考之上的执业践行。

书中有一篇探讨科研实验建筑设计问题的文章值得注意，其中文末的图示将建筑设计放在人与物、理想与现实之间，作为四位一体的中心，以此说明其学科理论与实践的定位与价值，并融贯科学与人文学科，兼容审美、形式、功能和技术等建筑学要素，统摄建筑的精神性与物质性、纪念性与日常性等重要范畴。在这样一篇本应该"就事论事"谈论对实验室这一他最擅长的类型建筑的经验心

得的文章中，这种叙事显得几乎有些过于宏大，而我恰恰从中读到了一种超越类型、直指建筑学本体核心和基本问题的追求，而这种追求，是这本书的作者一贯抱有的。从他的教育背景和工作经历中，诞生出一种基本、务实、开放的，颇有自身特色的建筑学——它正视甚至似乎拥抱一种中性而广义的"折衷"，从而能从中看到别人往往忽略的理论和实践机会，并以一种包容放松的状态超越具体的建筑类型桎梏和形式语言潮流。这对于当下的建筑学和建筑设计行业，是一个与众不同的声音。

总而言之，《空间营造》是一部记录作者实践与思考，且与读者分享关乎建筑学本体问题研究的专著。作为一线建筑师，能在繁忙的设计实践的同时总结思辨，并写作成书，实属难能可贵。书中呈现的关于大学校园、医疗建筑、科研建筑和文化建筑等项目的设计实践案例的精美图片，以及对建筑本原的人文精神的思考文字，相信会给读者带来收获与启发。

谨以上述文字祝贺玉龙的新书出版。

庄惟敏

2023 年元月于清华园

前言：人文主义视野下的理性营造

本书选录了我所主持设计的十余项建成建筑项目，以及关于数字图书馆课题研究成果、大学图书馆设计课程教案和在各类杂志上所撰写的部分研究论文等，是我从事建筑设计三十年来所做专业工作的一个总结。

建筑空间是我辈建筑师知识结构中的重要词汇之一，入学伊始，即学到"有之以为利，无之以为用"，又听到"无为有之母"；此后在专业学习中，又读到关于建筑空间理论的各类书籍，对空间在现代主义建筑中的意义有了更深的认识。在我看来，设计乃人文主义视野下对空间之理性营造，其含义主要为如下几个方面。

表达建筑的时空意象

建筑空间是建筑设计的核心形式要素，人的活动影响和作用于空间，空间亦对人产生潜移默化之影响，其中既有物质性的一面，又有精神互动的一面。现代主义建筑，在空间中又加入了时间的维度，重视空间的流动性，重视漫游式空间的生成，形成时空交织互动的空间意向。如在埃菲尔铁塔楼梯中上下穿行，给人们带来前所未有的空间动态变化的感受（吉迪翁，2014）。在我三十五年前入大学报到第一天，班里上海同学带着我们几位外地来的同学，乘坐公交车，自四平路上车曲折南行去外滩。透过公交车上拥塞人群之间的空隙，我看到上海滩的著名建筑在窗边列队而行，宛如电影片段之叠加；其后某年第一次到清华园，自南门骑自行车一路往北下坡，越骑越快，路边两列白杨飒飒作响，其后校园红砖建筑一闪而过，构成校园的原始意象。以上种种，无不说明在设计中重视空间的动态、重视空间动线上的节点和标志、重视空间边界的曲折界面、重视内外空间的交互，是一个好的空间设计的重要因素。在项目设计中，我每每设想从入口大门经过门厅，仰视或俯瞰，而后经过走廊，到达另一个公共区域，再进入一个房间的动线，其中何高何低，何明何暗，何处辅以色彩，

何处豁然开朗，均需精心设计，以形成多变的空间场景和动态的空间感受。如清华大学医学院楼，以45°转角为入口，进入八角形高厅后转135°进入一个开阔的长厅，构成丰富多样的空间格局。又如山西传媒学院综合实训楼，为避免结构超限，底层之博物馆乃百柱大厅，其间以多种形式大台阶贯穿各层，上下互动，构成流动的空间，亦成为校园一景。

在一个特定的场地，建筑一经建成，即便不是成为一个静态空间的主角，也是其中不可或缺的角色，对其所处之环境产生重要的影响。因而在设计中常常需多次踏勘场地，甚至通过画现场速写，从各个角度想象建成后的场景，特别是加上树木、景观等环境之后。建筑物呈现一个什么样的空间场景，是设计者所应重视的。当前程序化的投标形成流程式的设计，给现场体验带来困难，但好的设计仍需克服困难，创造场所体验，重视研究建筑的体量姿态、高低仰俯、材料质感、尺度比例，才有可能做出好的设计。如在武汉工程大学综合楼中，以内外同构之大台阶、由西向东而至二层屋顶高度，返身回望，可观西侧之小小中式园林，形成绘画中"平远"之势，此类设想均系现场所得。其中，古典建筑传统所提倡的尺度、比例仍是重要因素，在一个品质或高或低的现状环境之中，拟建建筑为何种尺度，与现存周边建筑从整体到细部是什么样的比例关系，对形成和谐的建成环境起着决定性的作用。

构建建筑空间的理性逻辑

古典时期建筑中的神圣空间具有重要意义，神圣空间对于信仰者而言具有原生性（雷尔夫，2021），神圣空间常以完形的、几何对称的空间形成崇高之美，空间的结果和空间的建造过程本身都是其意义诞生之过程。在现代社会生活中，世俗空间替代了神圣空间，表现为自由多变的，往往也是不纯粹的空间格局，以反映当代生活的日常性和多样性。即便如此，在当代，有些建筑类型如博物

馆等，仍常以追求神圣空间原型作为设计的出发点，反映一致性、纯粹性，形成激动人心的建筑空间形式，类似于电影艺术中巨大沉默物体（Big Dumb Object，BDO）之说，指被制造的、往往又不是人类制造的物体，超越于时间和宇宙，其内外部空间形态造成一种令人震撼的崇高感，克里斯托弗·诺兰的电影中多有此类巨构空间，亦值得引起关注。

自现代主义建筑思潮诞生以来，空间的通用性一直备受推崇，如在图书馆设计中，很早就提出模数化、"三统一"（统一柱网、统一荷载、统一层高）的空间模式。近来随着使用需求的变化，图书馆从"知识学习"向"知识创造"转变，其空间内容也随之发生变化。十几年前，康奈尔大学主图书馆改造设计，提出打造更多的研讨空间，设计单人阅览桌等，使旧有的完全匀质的图书朝向更具丰富度的知识空间转化。随着数字时代的来临，人类从口语传播到印刷传播再到电子媒介传播，知识的创造和传承发生了巨大的变化。近来，我们研究数字图书馆设计，提出图书馆将成为功能复合之匀质通用空间。近年我主持设计建成的河南中医药大学图书馆、青海大学图书馆，以及正在设计建设的中原科技学院图书馆、康复大学图书馆等，或多或少都体现了上述的理念，在一个匀质的通用空间基础上，通过和周边环境的互动，创造出具有当代精神图腾意味的核心公共空间。在最近设计的位于苏州的中国中医科学院大学图书馆中，采用正方形平面内部十字对称的空间格局，将数据机房设置在核心的区域，并特别设置了一层教师阅览室加小型研讨室，以适应小规模研究型大学使用的需要；同时，也希冀延续精神空间与当代理想相统一的营造传统。

科学实验建筑和医疗建筑亦是本书所收录设计项目中的重要类型，此类建筑更多地体现了空间的理性特征。以大学科研实验建筑为例，此类设施中 PI 团队办公空间、实验空间、实验辅助空间之间的逻辑架构，以及上述三种类型空间中，同一类型空间的

相互关系，一方面依赖于学科研究模式，另一方面对学科发展模式亦有直接影响。本书所收录的多篇论文均探讨了这方面的研究及进展。同时，空间逻辑对于设备机电的系统设置，特别是通风、排烟、净化设计等都有直接的方向性作用。理性和逻辑是此类建筑之重要因子，此其一也。近来新办大学或老大学所建设之新校区，对于空间的可变性提出更高要求，越来越多地从量身定做向多种用途转变。此种情况下，主体空间和辅助空间分离的思想大有裨益，此其二也。但是，即便是空间逻辑和流程非常清晰的建筑，亦需要研究其空间表达性，赋予恰如其分之意义，使科研人员受到人文环境的耳濡目染，使科研建筑从一般意义之设施（facilities）升格为建筑作品，此其三也。

注重建筑空间的物质建造

建筑内部空间的界面是形成空间特征的重要因素，古代神圣空间着重于表达天堂、人间、地狱，以不同的材料和丰富的雕刻创造空间的界面。教堂中往往下繁上简、下重上轻，形成飞升之感。中国古代亦有雕饰的传统，如在徐州博物馆设计中有意识地将原本用于墓室内部的汉画像石雕饰转译到建筑外立面。现代空间因其丰富多义，加之材料多样，空间感受更为丰富。我曾到访西雅图图书馆，室内用混凝土、彩色玻璃、金属等材料，色彩对比强烈，手法大胆，令人过目不忘。我在长安大学师生活动中心设计中，采用清水混凝土、镜面不锈钢和木饰面，强调材料交接界面的构造细节，形成有特点的室内外空间界面。在山东农业大学经管学院教学楼中，以白色地砖地面、木制格栅栏板、木色金属吊顶组合，下轻上重，形成学园的氛围。清华大学医学院楼室外为红砖砌筑，外部空间尺度及材料与校园传统文脉、肌理和谐互动；室内配以青砖饰面，使人联想到清华大礼堂外红砖、内青砖的空间意向，隐喻跨越时间的校园文化之联系。中原科技学院行政楼，以多栋

小型建筑组合布置，底层架空，外立面材料采用红砖加混凝土"梁柱"网格，加上具有建构意味的坡顶，创造散点透视的中国式园林空间意境。

构造节点是空间尺度和品质的重要载体。石材压顶应略微后退且压住侧板，以体现石制构件的厚重稳定，砖墙转角处的不同处理会使砖墙表现为有力的砌筑体或者是轻巧的饰面，这取决于设计者的初衷。设计中亦需要结合工程造价和工程所在地之技术能力，选取适当的材料和构造做法。在青海海北藏族自治州中藏医康复中心现场踏勘时，空气清冽，四野茫茫，我体会到"大漠孤烟直，长河落日圆"的意境。横、直、长、圆表达了具有长久纪念性的形式，故而设计亦以对称的完形中心建筑和高塔作为出发点。实施中因其地处高原，材料有限，工艺简陋，遂采用传统之抹灰墙面，并接受其施工之粗糙和不完美，以红色、金色的亮丽色彩与材料工艺组合，表达适度设计之态度。

探索审美与人文意境

建筑空间的理性逻辑、静态呈现和动态变化，最终归结于人的感受与互动。审美层次有所谓"熟悉与半熟悉"之说，即人们对空间环境的体验很大程度上取决于熟悉程度，尤其是"半熟悉"的场景给人的印象是最好的，这也与中国画所注重的"妙在似与不似之间"相一致。我所参与的设计多是投资有限、功能实用具体、腾挪余地有限的类型，如何创造既熟悉又陌生的场景，形成有意味的空间，既是挑战，亦是乐趣所在。

中国之文化审美，是一种差序格局社会的时空美学，这是因为从事农业生产的定居文化与其四周之环境会有持久、密切的联系，不同于采集和游牧文化，后者与所处的自然空间是移动的关系（许倬云，2018）。因而中国的审美更注重与环境的时空互动，并且重视其中的序列层次。从这个角度说，设计是人与环境之间作用的重要媒介。在校园规划设计中，我常常假想其中之中国式的生活场景，师生三三两两，迤逦而行；小山丘之南必有水面，水面宽度既可以看到对岸人的动作而又看不清表情，是为尺度适宜；小山之上应有亭子，亭者停也，以利登高驻足；水边建有水榭，可凭栏而望，亦可或立或坐，相谈甚欢。这些场景的塑造可以使一个校园具有人文诗意，具有超越于具体建筑形式的生命力。

设计中讲求空间的人文性，追寻适宜得体，是重要的价值观。吾师关肇邺先生常说，建筑要得体，要与所在的环境和谐，要有文化性，要有高品位。古人讲"发而皆中节"，设计亦如是，不发则已，发则符合其所应有的样子，符合其身份。在设计中需要有灵巧的思维，创造出动人的空间形态，而其结果又要宛若天成。这些符合中国传统人文审美价值的观念，是对设计者很高的要求。

本书既是设计与研究成果的汇总，也反映了从设计到研究、从研究到设计的过程。其中大部分论文皆是因完成了一个设计项目，结合设计中所思所想而成，是为后记；亦有先作研究，而后在设计中有意识地以此研究带动设计的情形。两者结合、互动，其目标乃是希望达到既有高水平的研究成果，更有高品位的设计作品，此为总结，亦是起点。

目录

A01 山东农业大学经济管理学院教学楼

School of Economics and Management,
Shandong Agricultural University

A01　山东农业大学经济管理学院教学楼

项目地点：山东，泰安
建筑面积：19995m²
设计时间：2016-2018
竣工时间：2020

设计起点

"经济"一词，既有意为"家居管理"的西文词源，内涵亲切小巧；又有"经邦济世""经国济民"的东方语义，指涉宏阔远大。小大之间，我们对这座经管学院教学楼最初的想象，始于一间小小的会议厅——既尺度近人、清新朴质，又雄踞中心、凌然凛然。厅室虽小，其核心地位却通过自身位置经营、底部架空姿态及贯穿建筑室内外的独立性而被人感知。这种房间单元的独立性，也以此处为最高层级向外延展，肇始生发出整座教学楼建筑的全部形式。泰山脚下，梳洗河畔，一椽小室之内，人们切磋交流、商谈研讨、运筹帷幄，是为经济管理及其教学活动的起点和原型，小室则是一座微缩的经管学院。

小室是"经""济"之舟，是守望园田之所在，也是山农经管人的家。

形式逻辑

（1）房间

肇于一室，而房间的独立性并不限于会议厅。方案试图使办公室、普通教室等形状规则的小房间，案例教室、阶梯教室、报告厅等形状特异的大房间，以及联系上述房间的水平和垂直交通空间，均能各得其所、充分表达，继而以自身特点服务于建筑外部形式。换言之，建筑形式是通过对其功能水到渠成地利用而实现的，"巧于因借、精在体宜"的造园原则获得了建筑单体层面的新意义——因功能之利，借房间之形，而得特定建筑类型之体宜。形式与功能的相成关系，是宜巧与否的判断标准，继而为衡量设计优劣之准绳。作为功能实现的容器和手段，"房间"成为建筑的主体，其室内界面成为"正面"，而建筑外立面则成为内部空间及其组合方式自然外化的"反面"，亦即"内形"主导了"外形"，"一座建筑"变为"一组房间"。

（2）院落

一组房间以院落的方式进行组织。教学楼南北两翼形成如上下句般的对仗关系，并以西侧观景连廊相联系，围合出三合院落的整体格局；其间会议厅、报告厅依建筑南翼北侧布置，进一步细分东西空间序列，作为院落的视觉焦点，形成室内外空间穿插交替的韵律节奏，并与北翼南侧的大教室单元共同组成凹凸进退、曲折延展、丰富立体、模糊多义的院落边界，衍生出若干更小的半围合室外空间，加上一个作为室内院落出现的南翼中庭和两个四面完全围合的上部天井，建构形态多样的院落系统。

（3）角度

建筑以其东南主要人流来向为外力，引发各重点局部平面角度的变化，使建筑落地生根、呼应环境、对话校园，寓谐趣活力于庄正严整之中，呈现出接纳欢迎的活跃姿态和丰富表情，演进为专属于彼时彼地的室内外空间环境。其中，教学楼北翼下部几个案例教室倾斜内切的墙面，因同时契合其马蹄形平面布局并迎向外部人流，可视作内、外力共同博弈作用下偶得的找形结果，与所在同一体量上部矩形阶梯教室的形式对比碰撞、两相映照，成为设计中较具辨识度的一笔。

建筑细部

以因借之巧、体宜之精为追求的设计逻辑和评判标准自宏观向微观贯彻：建筑细部以自身的建造方式为表现对象。例如以全顺面的砌筑方式揭示单砖幕墙的非结构属性，以门窗洞口侧壁和片墙端头等处展露的整砖丁头说明装饰完成面的立体厚度，及以建筑各楼层结构挑口对应位置所饰金属型材暗示外墙构造的承重逻辑等。在阐明建筑形式真实建造基础的同时，利用其本体蕴含的表现力，使建筑以其来有自的气质精神贡献于整个校区崭新气象。

东岳巍巍，环水盈盈，愿希望源源不断地播洒在这座草木新发的校园。

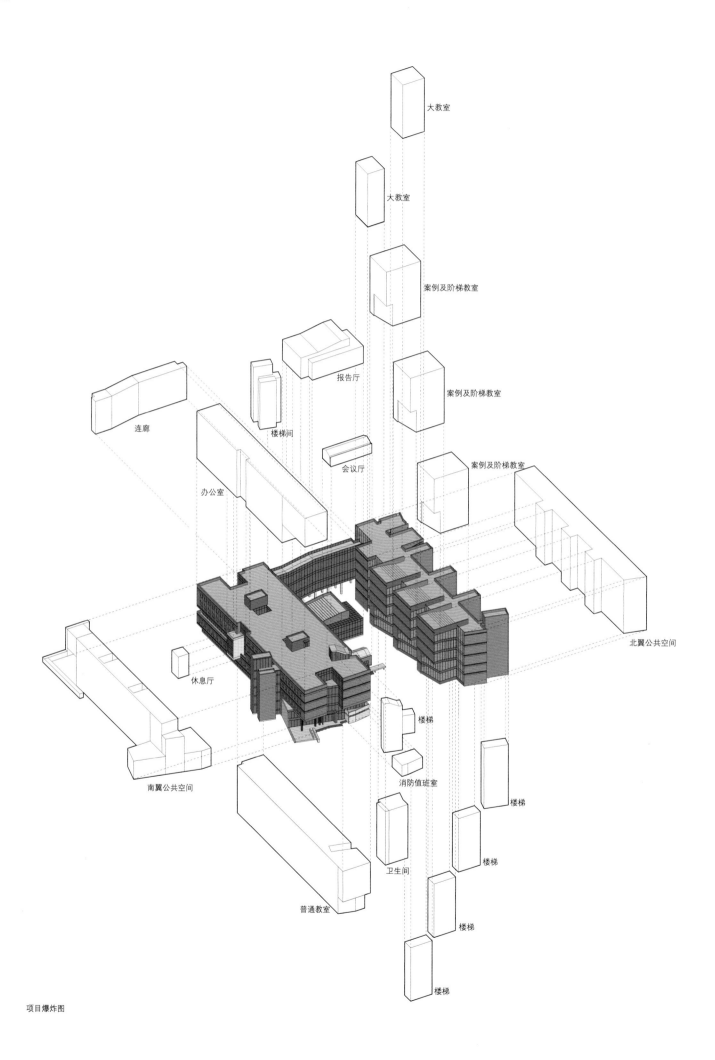

大教室

大教室

案例及阶梯教室

案例及阶梯教室

报告厅

案例及阶梯教室

楼梯间

会议厅

连廊

案例及阶梯教室

办公室

北翼公共空间

休息厅

楼梯

消防值班室

楼梯

南翼公共空间

楼梯

卫生间

楼梯

普通教室

楼梯

楼梯

项目爆炸图

总平面图

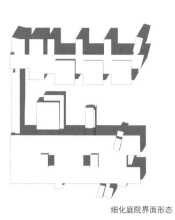
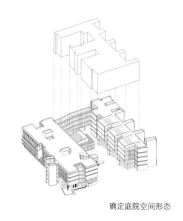

推敲平面图底关系　　　　　深化建筑界面层次　　　　　细化庭院界面形态　　　　　确定庭院空间形态

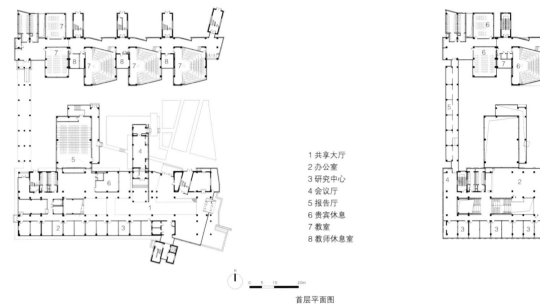

1 共享大厅
2 办公室
3 研究中心
4 会议厅
5 报告厅
6 贵宾休息
7 教室
8 教师休息室

首层平面图

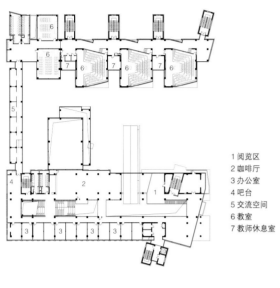

1 阅览区
2 咖啡厅
3 办公室
4 吧台
5 交流空间
6 教室
7 教师休息室

二层平面图

南北剖面图

东西剖面图

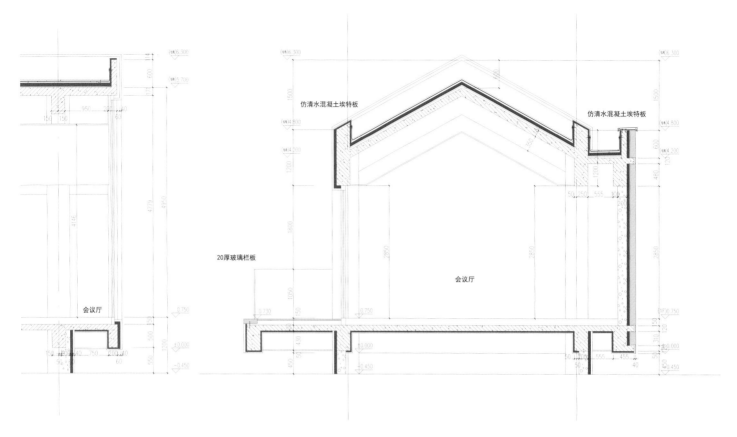

仿清水混凝土埃特板

仿清水混凝土埃特板

20厚玻璃栏板

会议厅

会议厅

会议厅

a 混凝土墙
b 混凝土外贴砖切片
c 加气混凝土砌块墙
d 砖
e 隔热材料

A02　北京大学医学部医学科研实验楼

项目地点：北京
建筑面积：83010m²
设计时间：2013-2020
竣工时间：2021

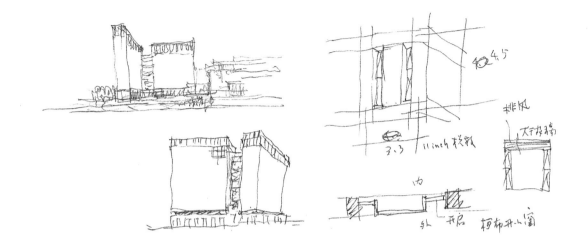

城市

北京海淀区学院路是 1952 年伴随院系调整而修建的北京南北向的重要道路，其与四环路立体交叉，以交叉点为中心，其四个象限分别为北京科技大学、中国地质大学、北京航空航天大学和北京大学医学部的校园。此交叉点现在已经成为城市交通和快速移动景观之重要节点——东北和西南分别为北科大科技园天工大厦和北航科技园世宁大厦两座高度达 80m 之高层建筑，西北现状为汽车 4S 店，东南即为北大医学部之医学科研实验楼基地。

好的城市空间，借用隈研吾的话，"……的确在场所、存在和表象三者之间存在着非常协调的对称关系，在大街（林荫道）交叉点这种特殊的中心场所，有符合这种场所主要特征的大型建筑物"（隈研吾，2008）。医学科研实验楼需要与周边已有建筑对话，成为符合城市场所特征需求的建筑表象。

校园

北大医学部校园自 1952 年建设起，以红砖、民族形式为起点，数十年来形成具有随时代变化之多样建筑风格的校园。然建筑高度普遍不高，本次建设之医学科研实验楼将成为校园中最高之建筑。

为此我们的设计研究从单栋建筑设计扩展到整个校园，建议将来具备条件时，可将校门南侧之现状会堂拆除，再建设一栋高楼，以使校园空间格局更为完整。

医学科研实验楼基地周边为建校时最早建设的 3 层红砖坡顶之实验用房，是承载校友记忆的重要场所。新的建筑需要与之建立空间联系，保留和延续场所记忆。

实验

医学科研实验楼内将容纳各种类型之医学、药学、公共卫生实验室，其中药学实验室有大量的通风柜，需要超大规模的排风竖井空间；公共卫生实验室有正负压、空气质量的严格要求；生物医学实验室又有室内静电接地需求；动物实验室有极高的生物安全要求，且其本身又有对其他实验室之气味干扰。所有实验室均有洁净需求和污染物竖向交通的空间需求。竖向管道空间、交通空间面积等随着楼层数的增加大幅增加，此对设计乃是极大之挑战。

设计

米歇尔·特瑞普（Michael Trieb）提出"有效场所"的概念："在一个实存、恒定的时间场所中，观察者的位置、姿势和视角的丝毫改变，都会将这一潜在事件场所的某一部分激活，从而成为有效的或可感知的场所……一个有效的事件场所，取决于观察者的位置、姿势和感知能力以及感知条件，在个体对物理环境的主观解读之后，特定群体的群体感知也会影响到有效时间场所的构成。"北大医学部医学科研实验楼基地的地理位置，使其需要建立一个双重的有效场所：一是自学院路或四环路上视角的场所感知，此场景需要一个适应快速移动的观察者的，有力、整体且具体量感的建筑；二是在校园内人行速度的场所感知，此场景需要一个尺度宜人的、与周边环境友好的、慢行的场所感知。在校外快速路层面，位于十字路口转角的位置给建筑带来了一种变化的可能，即以两栋分别沿四环路和学院路的高层板楼的形态，之间以玻璃建立一种连接，从而使驾车者可以感受到重复性元素和跳跃性元素形成的两种不同的空间序列品质，形成所谓"一幅幅连续性而又有差异的图像"（Michael Trieb, 1974）。同时，建筑在三层略微缩进，使其竖直方向亦成为上下两个体块，从而在高架 10m 的快速路和校园地坪上都构成完整的图像。

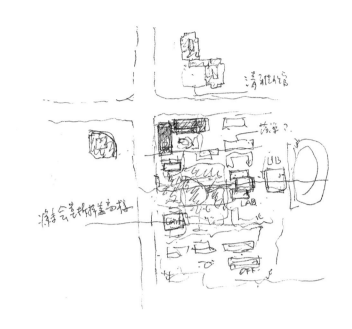

建筑首层为门厅、MRI 实验室等若干实验室，二层为公共实验平台，三层以上为各类实验室。为适应不同类型实验室的弹性需求，建筑采用双走廊的实验室空间格局，平面模块可以根据不同使用需要灵活变动。将药学实验室置于较高楼层，以使竖向通风管道距离缩短且减少占用楼层面积。动物实验室位于建筑顶部三层，以减少人员穿越，并利于通风。

建筑立面以统一的窗格形成网状的立面格局，分隔窗的梁柱取得均匀的尺寸，以营造一种有力度的形象。窗的设计向沙利文（Louis Sullivan）致敬，以水平三分，两边略微后凹，形成细微的光影，表达力度下的精确感。建筑以灰白色石材饰面，裙房和院落中地下室出口局部采用红色锈钢板等，与周边既有之 1950 年代红砖建筑取得呼应。

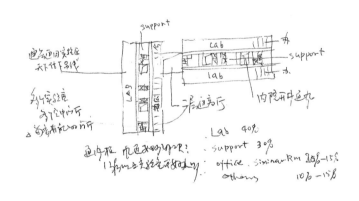

建筑自设计至建成逾八年之久，空间利用经多次变化，于2021 年落成，学校各重点实验室陆续入驻，夜晚灯火通明，已成四环路、学院路之一景。

1 实验室
2 研讨室
3 辅助用房

三层平面图

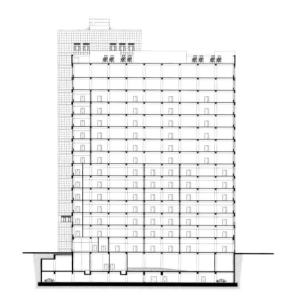

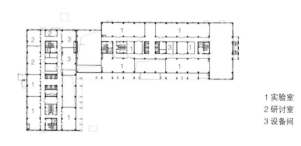

1 实验室
2 研讨室
3 设备间

二层平面图

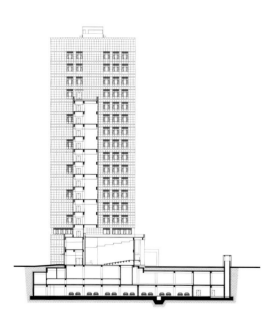

剖面图

1 会议室
2 报告厅
3 实验室
4 核磁实验室
5 设备机房

首层平面图

B01 传统校园新建筑——记清华大学医学院建筑设计

New Buildings on Traditional Campus: Design of the Medical School of Tsinghua University

在大学师生和社会相关人士的眼里，一所大学的校园环境之美常常是仅次于甚或是并驾于其学术声望的评价因素。近年来，由于大规模的高校合并以及由此而带来的新校区建设风潮，在很短的时间内创造了一大批新型的高校园区，宏大的尺度、疏朗的空间、崭新的建筑形成了具有时代特征的校园空间；但也同时带来了校园历史性和文化内涵的缺失。随着这一风潮的渐行渐远，越来越多的人开始认识到老校园的价值和意义。每个学校所独有的环境、建筑、雕像等犹如一本本生动形象的历史书，叙述了学校的创立、发展和业绩……学校的历史和文化就依存于建筑环境的历史变迁中。在这样的情况下，已有校园的建设逐渐成为人们的关注点，如何做好传统校园中新建筑的设计成为建筑师关注的话题。

传统校园建设的继承和发展问题，可以借用城市改造中"有机更新"的观点来加以阐释：所谓的"有机更新"，根据吴良镛教授的观点，就是"按照城市内在的发展规律，顺应城市之肌理，在可持续发展的基础上，探索城市的更新和发展"。有机更新的观点主要应用在城市的发展研究上，但用来看待大学校园的发展也是很贴切的。实际上，中国有历史的大学校园也就类同于西方一个具有历史特色和功能完善的小型城镇，在校园建筑上，随着时间的推移、需求的发展，当前，一方面需要对现有建筑的历史文脉充分挖掘和尊重；另一方面需要适应当代的使用需求和审美要求。新的建设既是原有肌理的延续，又是顺应时代之更新，两方面的最终目标是使传统校园在保持已有特征的同时，获得发展，形成和强化具有历史、文化特征的、和谐统一的校园环境。

清华大学在建立之初，使用了清代北京西北郊皇家园林中的清华园作为校舍，自 1909 年起，相继修建了今之二校门、清华学堂、同方部、北院等建筑。其中，清华学堂采用当时流行的新艺术运动的风格形式；1914 年美国建筑师亨利·墨菲制定了第一个校园规划，其后相继修建了图书馆、体育馆、科学馆、大礼堂等建筑；1930 年由杨廷宝主持了新的校园规划，以近春园为新的校园中心，建造了生物馆、气象台、化学馆等经典建筑；这些建筑以及其后建设的善斋、平斋宿舍等共同构成了清华大学老校区的建成环境。

清华大学校园核心区的早期建筑具有突出的历史和艺术价值，可以说反映了当时中国建筑设计的最高水平。并且随着时间推移，其历史和文化积淀构成了独特的校园特征，这种特色在建筑设计层面可以表述为两个方面。

第一个特色是大草坪—院落式的空间特征，清华大学校园核心区的规划体现了以美国弗吉尼亚大学中心区为代表的校园中心空间的特色。即中心区为一个大草坪，正中以大礼堂作为轴线的端点，两侧建筑形成具有围合特征的界面。大草坪南侧两座土山的自然围合更巧妙地增加了空间的完整性；同时，清华学堂等建筑本身又围合成院落，构成尺度适宜的第二层次的空间，这种空间特色形成了强烈的校园识别性。第二个特色是对西洋古典建筑语汇的运用，在大礼堂、图书馆、化学馆等建筑中，对砖的运用达到了娴熟的境界，建筑立面有比例适当的细部处理，加上坡顶的转折穿插，使整个建筑十分耐看。这些空间层次的处理和材料尺度的运用对于形成有吸引力的校园具有重要作用，建筑的空间和形式特征构成在老校区进行新的设计所不可忽略的文脉环境。

2001 年，随着清华大学学科发展的需要，拟在老校区的气象台西侧建设一组医学院建筑群。根据对校园历史和现状发展需求的分析，我们将新建筑定位于空间形态和建筑形式两个方面的延续与更新，具体可以从三个方面进行阐述，即空间由外而内、空间由内而外、建筑形式的和谐性。

一、空间由外而内

医学院建筑群的用地东西长约 110m，南北长约 260m。用地

图1 总平面图

图2 过街楼看主广场与气象台

图3 内院

图4 主广场

图5 鸟瞰图

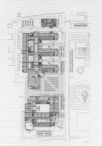

图6 首层平面图

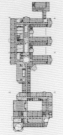

图7 二层平面图

图8 三层平面图

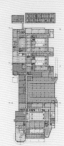

图9 地下层平面图

东侧气象台是杨廷宝1930年的清华规划所划定的新的南北轴线中心，这一轴线两端的建筑生物馆和化学馆1930年代即已建成，1990年代设计建成的理学院群进一步强化和完善了这一轴线。新的用地要求建筑尊重气象台在这一区域的中心地位，并且与之产生空间上的呼应关系（图1）。

前面的分析可以看出，大草坪、院落所形成的围合式空间是清华校园已有空间的特色，对建筑外部空间作进一步分析可以看出，外部空间可以分为动态空间和静态空间两种类型。前者的主要目标是形成便捷的交通和疏朗的环境，使之成为校园公共场所的一部分；后者主要希望形成师生读书、交流的安定静谧的室外场所。就医学院建筑群来说，其具有教学、科研、图书馆、办公等多重功能，不同功能之间的外部院落可以形成不同的环境氛围，在设计中对这一因素作了积极的响应。首先将气象台作为重要的对景，设置了整个建筑群的入口广场空间，研究楼、教学楼、图书馆等在广场周边设置主要出入口；其次在教学区和研究区分别设置了尺度适宜的院子，有四边围合的内向型院落，也有三边围合、一边以矮墙构成分而不隔的界面的院落，形成平衡、安定的静态空间（图2~图5）。

二、空间由内而外

旧有建筑由于时代的局限和技术条件的制约，一般多是中间走廊、两边房间的空间模式，建筑形成条状的体量，门厅等公共空间也比较窄小，不大符合当今师生的使用需要。

同时，医学教学科研建筑自身又有其特殊的内部空间需求，这种需求一方面表现在多采用双走廊中间夹公共仪器室，两侧为可以灵活分隔的通用实验室的模式；另一方面，随着当代对交叉学科的重视，建筑内部空间又强调公共交流的重要性。

医学院建筑的设计希望改进传统建筑空间的不足，在满足新的使用需求的前提下，强化公共空间的特征，形成有利于医德教育的公共场所。在设计中首先采用一个八角形门厅将建筑内外的空间轴线联系起来，将几个不同的功能区间分别置于八角形的不同方位。其次，在医学研究区，用一个三层高的长厅联系研究区的各个部分，长厅含休息、学术交流、医学相关历史及最新研究成果展示等场所，形成便于研究人员交流学术思想的公共空间。在长厅的一侧，以实验室—院落—实验室的布局模式形成内外空间的交融。在教学区以一个内向的中庭形成交通和视觉的中心（图6~图9）。

三、形式：追求和谐之美

在形式上，清华大学医学院建筑不是求新求异，而是从尊重环境文脉出发，寻求建筑和谐之美。其思想的根源来自于对校园核心区历史风格的认同和提炼。在我们看来，一栋建筑物的成功与否并不在于其标新立异的程度，而在于其对所处环境文脉的理解和适当的回应。在具体手法上，我们首先注重了对原有红砖砌筑方法的延续，通过对横砖、立砖的砌筑，对45°转角砖缝的强调，以及八角厅60°转角砖的砌筑等形成原有"清华红区"的延续。同时，在立面的大面积部分，通过设计，将梁柱形成方格，格间为落地玻璃窗，新建筑与旧建筑相比，更多了几分时代性（图10、图11）。

建筑的室内空间界面与室外界面在材料上融为一体，到三层的长厅，则采用灰砖墙面，形成灰砖、红砖相接的室内效果，配以白色地面、木格栅叠涩顶，创造了朴素宁静的室内气氛。室外红砖、室内灰砖的做法，也是对大礼堂建筑做法的致敬，从而形成历史文脉之传承（图12~图14）。

图 10　主入口细部　　　　图 11　山墙细部　　　　　　　　　　图 12　八角厅室内　　　图 13　长厅室内　　　图 14　长厅格栅叠涩顶

四、总结

清华大学医学院建筑设计在价值观方面，重视整体甚于个体。现象学理论将场所看作反映特定环境中人的生活方式和其自身理论的整体，清华校园经百年之发展已形成具有鲜明特征的高品质整体。医学院虽为单独的建筑，却是校园整体的一部分，这种整体性既体现在空间格局上，如建筑、院落、尺度、高度等方面，又体现在时间上。历史上优秀建筑的特征已经形成场所的集体记忆，因而，在设计中重视对既有校园环境中整体性特征的研究和响应，是设计者重视的价值观。

同时，作为当代科学研究实验的重要场所，清华医学院建筑理性地反映了当代医学教学研究的功能需求，特别是在本建筑设计期间，也是清华大学医学科创办期间，建筑担负了"筑巢引凤"之希冀，亦面临建筑功能使用不确定的难题，在这种情况下，建筑参考了国外最新医学研究建筑的经验，重视建筑空间的通用性和适应性，并且采用了模块化的内部空间单元，表达了对当代科学理性的对照和响应。

还有很重要的一点，清华大学医学院建筑反映了设计者对建筑文脉形式的重视。清华大学校园在历史上已形成独特的红砖建筑风格，在立面、转角、窗户、山墙等微观层面有创造性的特点，这些形式上的特征是人们对清华建筑环境认同的重要因素，因而在设计中，应反映这种特征，并且随时代发展有意识地加入新的特点，使之不断丰富。

清华大学医学院建筑层数仅有 3 层，建筑规模也不大。自 2001 年开始设计，到 2006 年 10 月竣工投入使用，总共花了 5 年的时间，在当今快速发展的社会里，这样长的建设周期是少见的。虽然是由于资金、学科发展等各种原因造成了较慢的建设速度，但这却给了设计者较多的时间来进行深入细致的工作，最终达到了较为满意的成果。在从设计到建造的过程中，我们的指导思想是求慢、求细、求好，而不是求快、求新、求异，清华大学医学院建筑设计采用了尊重老校园的肌理和风格，并根据新的使用需要适度更新的思想。在设计方法上，运用院落空间和具有传统特征的材料细部处理，使新建筑与校园已有的优美环境融为一体，建成后得到了各方面较好的评价。

原文发表于《城市建筑》2007 年第 3 期，有改动。

B02 永续之道——清华大学校园"红区"的有机更新

A Sustainable Way: The Organic Renewal of Red-Brick Area in Tsinghua Campus

梅贻琦校长在谈及大学之道时，曾经说过"所谓大学者，非谓有大楼之谓也，有大师之谓也"，强调大师是立校之本，从另一个角度也说明了校园建筑对于一所大学的重要性。作为清华大学校园核心的"红区"，在过去 100 年的建设过程中，历经多次规划及多位建筑师的创作实践，其基本的空间格局与建筑风貌保持了一脉相承，得到很好的延续与发展。正是由于后来者心怀恭谦，认识到"在完整的建筑群中，新建和扩建有时并不一定要表现出你设计的那个个体，而要着眼于群体的协调"（杨廷宝）[1]。在这一宗旨下，一代代建设者续写华章，"重要的是得体，而不是豪华与新奇"（关肇邺）[2]，共同创造了中国高校校园建设的经典之作。

一、建设历程简介

清华"红区"的建设按时间顺序可以大致划分为 4 个阶段。

1. 1911 ~ 1927 年

校园总体规划：1914 年总体规划（墨菲，等）（图 1）。

"红区"主要建设：二校门、清华学堂西半部、同方部，"四大建筑"——大礼堂、科学馆、图书馆、体育馆，以及清华学堂东半部（图 2）。

设计思路：美国近代大学校园风格，校园中心区以大草坪为中心，大礼堂、学生宿舍、教学楼等围绕大草坪对称布置，同时结合中国传统造园手法，尊重清代园林遗构。

校园空间：采用明确的功能分区、方院布局。

建筑风格：折衷主义建筑风格。

这一时期奠定了清华红区"大草坪 + 院落"的主要规划结构与建筑风貌，体现了以美国弗吉尼亚大学中心区为代表的校园中心区的特征。

2. 1928 ~ 1948 年

校园总体规划：1930 年总体规划（杨廷宝）（图 3）。

"红区"主要建设：图书馆扩建、生物馆、气象台、明斋、善斋、新斋、化学馆、旧水利馆、旧土木馆、机械工程馆、工程力学馆（图 4）。

设计思路："在原有的基础上搞规划，一定要重视历史和现状，尽可能地因地制宜，尽可能地少追求那种形式……新旧建筑群应当相互照顾，要有协调的气氛。（杨廷宝）"

校园空间：将东、西两部分校园空间（预备学校与大学部）进行整合与统一。

建筑风格：图书馆扩建，中央连接体使两馆有机结合，建筑外檐尺度、材料、色调等方面与旧馆相一致，整体"一气呵成"。

这段时期的建设集中在 1928 ~ 1937 年，红区围合式的空间结构已经基本形成。

3. 1949 ~ 1976 年

校园总体规划：1954 年总体规划、1960 年总体规划（图 5）。

"红区"主要建设：一教、二教、新水利馆、一至四号楼（图 6）。

设计思路：与礼堂区已建环境相协调。

校园空间：二校门内礼堂区形成尺度良好的围合空间。

建筑风格：建筑风格的民族形式探求，坡顶、红砖墙身、拱券状门窗洞口与已有建筑协调。

这一时期的建设，在尊重原有空间格局及建筑风格的前提下，新建、重建了大礼堂前的部分建筑，最终形成了我们今日所看到的礼堂前区的建筑、景观风貌。

4. 1977 年至今

校园总体规划：1979 年总体规划、1988 年总体规划、1994 年总体规划、2000 年总体规划（图 7）。

"红区"主要建设：甲所、干训生楼、新图书馆 / 档案馆、理学院、

图1　1914年校园总平面图

图2　清华大学礼堂

图3　1930年校园总平面图

图4　清华大学工程力学馆

图5　1960年校园总平面图

图6　清华大学第二教学楼

图7　2020年校园总平面图

图8　清华大学医学院鸟瞰图

医学院、西阶（图8）。

设计思路："尊重历史，尊重环境，为今人服务，为先贤增辉"（关肇邺）。

校园空间：新建筑群尊重和延续清华校园大草坪和院落所形成的围合式外部空间环境特色，完善了杨廷宝先生1930年校园规划中的新南北轴线，并延续"红区"一贯的建筑风格，适度更新。

建筑风格：在建筑风格、尺度、细部、材料选择上与"红区"老建筑相协调，但也并未重复过多的细部与符号，建筑形象表现出时代的精神。

这一时期的建设很好地结合了校园西区的建成环境与自然风貌，实现了校园西区空间的拓展与功能的完善。

二、总结与反思

1980～2010年代是"红区"建设的一个高峰，新的建设既延续了原有肌理，又顺应时代之更新。一方面充分挖掘并尊重历史文脉，另一方面也适应当代的使用需求和审美要求，使得校园在保持已有特征的同时获得新的发展，形成并强化了具有历史和文化特征、和谐统一的整体环境。

1. 建设原则

当代社会的快速发展，要求大学教育进行相应的调整。随着教学职能的变化、设施的老化，既有校园也需要进行不断的调整与建设，以促进新陈代谢，保持校园活力。1960年代以来，许多学者，如简·雅各布斯、柯林·罗、亚历山大等，都从不同角度批判了大规模整体拆除重建的方式，重新认识到传统的渐进式规划和改建方式的价值；同时，更多地关注社会、历史、文化及人性的需求。

既有校园的更新应遵循有机更新的原则，关注校园历史文化的延续性，使校园形态在更新过程中保持渐变，而不失去原有的特色。

二战后，在面对英国国会大厦是否需要原样复建的争论时，丘吉尔以"人创造建筑，建筑也塑造人"来表明重建的意义。同样，校园环境也会对生活在其中的学生的价值观产生一定影响，这也就是"场所精神"的本质所在（图9）。这种延续性体现在两个方面。

其一，空间的延续。物质环境是场所感的重要载体，对于既有校园的继续建设，应根据实际情况及条件，延续校园既有的良好空间格局、尺度及建筑风貌，建构具有象征性的场所。

其二，时间的延续。空间因有人的活动而成为有意义的场所，场所感是一种情感表达。历史、文化、活动这些非物质的要素，是场所的"灵魂"。校园文物建筑的意义更多的在于历时性的文化沉淀，以及鲜活的校园生活印记，应进行保护性利用。

2. 更新方式

既有校园的更新应采取谨慎的、渐进的更新方式，在决策过程中应尽可能地具有确定性和透明性，尊重校园原有的空间格局和秩序，使传统空间肌理和空间结构与新的功能结构有机融合。同时，要避免片面的目标和要素设定，以系统论的思想进行统筹考量，提出综合解决方案。这对于文脉的延续，功能定位的优化、开发资金的筹措、资源的集约化利用等都具有重要的现实意义。

3. 设计策略

"红区"百年来的建设，一直较好地延续了清华校园的传统和文化，保持了尺度宜人、自然景观优美的校园环境，回顾总结其中之得失，笔者以为，在具有历史性的既有校园的更新中，应该着重把握几点策略。

策略一：整体——"织补校园"。

既有校园的建设，应着眼于整体考量校园的空间结构与肌理，通过渐进的、不同规模的建设，实现校园更新。基于校园的传统空间模式，创造新的活力空间，满足教学发展需求，完善功能关系，

图9 清华大学医学院室外庭院

图10 清华大学西区历史分期总平面图

图13 清华大学图书馆历史分期总平面图

图14 清华大学医学院室内中庭

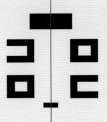
图11 校园开放空间原型图示

图12 自清华大学医学院主入口远望气象台

图15 清华校车

梳理交通组织，保护生态环境，在局部片断更新的同时，保持校园整体的延续性（图10）。

策略二：空间——延续原型。

在当代社会价值观的趋同与快餐化的建设思路下，校园越来越多地呈现出一种似曾相识的面貌。既有校园的更新应该关注校园空间特色的延续。

建筑现象学将场所看作是反映在特定的环境中的人们的生活方式和其自身的环境特征的整体，不仅具有建筑实体的形式，而且还具有精神上的意义。在环境变化中保持场所精神并不意味着完全固守和重复原有的具体结构和特征，而是对历史的积极参与。通过对空间原型的延续与重构，保持校园特色，塑造一个作为凝聚全体师生"集体记忆"的校园空间，是场所最根本的目的和意义（图11）。

原有空间肌理的延续与发展是重要设计手法，在既有校园这个语境中，整体环境的价值大于单个建筑的总和，也就是说，对于校园整体空间而言，建筑的意义更多地体现在对空间的限定，以及如何塑造一个良好的校园外部空间界面上。同时，通过重要节点的控制，以公共活动空间、重要建筑物，以及标志性景观等，强调校园空间的可识别性（图12）。

需要强调的是，现代交通运输工具的出现、新的使用功能的需求，使得当代校园空间尺度大大超过了传统校园，要求新建筑既不能破坏校园整体风貌，又要满足实际功能。以清华图书馆三期为例，其建设地段敏感（位于大礼堂北侧，毗邻一、二期建设），实际功能复杂（要求较多的单一性大空间），设计者匠心独具，将大体量空间布置在新建筑群的内部，而以一组与传统尺度接近的界面与历史建筑形成对话，并整合重构了"大礼堂—图书馆"的外部空间（图13）。

策略三：功能——复合型与公共性。

开放型、社会型是当代大学校园发展的方向之一，要求校园规划不仅仅是满足教学功能，还需要更多地具有社会性质的服务功能。营造一个有活力的校园空间，应该确立"复合使用"的原则，包括了功能的混合布局、使用人群的多样化，以及多时段活动的搭配。

同时，大学的教育模式正从传统的传道、授业、解惑，向鼓励创新与探索、强调知识的聚集与发散、重视团队合作精神的培养等方面发展，这也对校园的功能设置提出了新的要求，需要更多的适合研讨、交往、交流的场所，需要开放性、公共性、活动性、多样性的校园空间（图14）。

策略四：交通——稳静化。

随着机动车的普及，机动交通对校园环境的影响越来越大，为降低机动车对校园环境及教学质量的负效应，应提倡进行交通的稳静化设计，通过系统的软、硬设施（包括政策、立法、技术标准、物理措施等）来减少校园内机动交通数量，降低车辆速度，关注步行及自行车交通，保障出行安全。具体措施有：局部道路车辆限行、校园外环设置停车场、设置道路减速带、道路及路口宽度缩小，等等。

合理规划校园路网密度，理顺路网结构，整合交通系统，规划合适的集中停车设施，使校园与城市既能够合理连通，又不影响正常的教学活动。校园内并不需要做到绝对的人车分流；应鼓励校园公共交通的发展，形成完善的公共交通、自行车与步行系统；适度混行、限时管制，合理设置换乘点与机动车、自行车停车位；创造宜人的公共交往、生活、活动空间（图15）。

策略五：建筑——得体。

中国目前的建筑风格有种不遗余力地求新求变的倾向，关肇邺先生指出，"重要的是得体，而不是豪华与新奇"。只有有助于建筑的完美之"新"，才是有意义的。对于既有校园而言，在具有历史意义的核心区，如果是文物建筑，则应该坚持"原真性"的保护原则；需要进行改、扩建的老建筑，可以通过适当地分解、重构，合理拆除与加建，适应新的功能需求；也可以保持建筑外部形式不变，通过内部空间的调整、功能置换等方式来适应新的用途。

图 16　清华大学化学馆新楼与老建筑间玻璃连廊　图 17　清华大学理学院

图 18　清华大学医学院主入口　　　　　　　　　　　图 19　清华大学大礼堂、日晷及大草坪

在建筑风格上，宜采取"和而不同"的态度，处理好新老建筑之间的关系，可以追求协调的效果，也可以形成对比的效果，总体上应形成整体、统一的空间形态（图 16 ~ 图 18）。

策略六：环境——自然性与多样化。

校园环境强调与自然的和谐相处，在人、人工环境、自然的多样性之间建立多层次的、相互依存的联系。校园保证适宜的密度，规划好建设发展区域、控制建设区域与生态保留区域三类用地，适当地保留自然环境与生态群落，形成广场、绿化、园林、生态保留地等多样化的外部空间环境。

策略七：民主——公众参与。

大学校园是大家的校园，应发挥师生的积极性，让师生参与到校园的规划和发展中来，永续发展才有真正的基础。校园建设的公众参与意义，一方面在于充分体现全体师生的利益与诉求，提高决策的合理性、公正性，避免规划的失效、失误；另一方面也能够培养学生的民主意识与能力。

同时，鼓励师生参与校园建设还具有一定的人文意义。例如，学生、校友以适当的形式在校园中留下自己青春的纪念，一棵树、一块石头，都是校园最珍贵的财富与"记忆"（图 19）。

此外，当前的规划方案征集模式多以招标投标的模式出现，这一点有待商榷。对于既有校园的建设，往往都是被限制在一定场地范围内的单个项目，局部问题的解决可能会带来整体上更大的问题，因此需要强调整体、弹性的设计观念，保证校园发展思路的延续性。可以借鉴国外大学校园建设规划的制度，制定具有法定约束力的城市设计导则，以之来对校园建设进行刚性控制与弹性引导，并建立校园规划委员会制度与总规划师制度，保证规划思想的一贯性与决策的民主性、科学性。

清华大学校园在 2010 年被《福布斯》评为 "全球 14 所最美大学校园" 之一，这也是对"红区"百年来以有机更新为原则的小规模、分阶段和适时的谨慎渐进式改善为主的建设模式的肯定。当代中国校园规划的大规模建设期已经结束，对既有校园的更新完善将会是未来建设的主题，总结清华"红区"的建设经验将有一定的借鉴意义。

注释
①齐康 . 承前启后与时代风格 [J]. 建筑学报，1983（4）：23-26.
②关肇邺 . 重要的是得体　不是豪华与新奇 [J]. 建筑学报，1992（1）：10-13.

参考文献
[1] 魏篙川 . 清华大学校园规划与建筑研究 [D]. 北京：清华大学，1995.
[2] 刘先觉 . 现代建筑理论 [M]. 北京：中国建筑工业出版社，2008.
[3] 金键 . 城市交通稳静化探讨 [J]. 交通运输工程与信息学报，2003（2）：82-86，102.

摄影：莫修权

作者：刘玉龙，王彦
原文发表于《城市建筑》2012 年第 2 期，有改动。

B03 医学科研单元布局设计研究

A Study of Medical Research Unit Design

现代医学在治疗疾病的科学和技术上的突破，为人类带来了重大利益。随着科学的进步和技术的应用，过去那些难以预防的疾病、难以控制的症状、不可治疗的状况，现在都逐渐被征服。在这一进程中，医学科研设备的更新和发展起到了非常重要的作用，电镜、内窥镜、CT、正电子摄影（PET）、核磁共振（NMR）等导致了医学诊断能力的革命；激光促进了显微外科的发展；铁肺（Iron Lungs）、肾透析机、心肺机、起搏器等都成为医学治疗和研究的重要手段。同时，基础医学和生命科学的研究深化了人们对机体及其与疾病斗争原理的理解。科研内容和手段的变化对医学研究和教学建筑的形制提出了新的要求。

一、现代医学实验建筑设计的要素

1. 安全

一方面，研究对象中相当一部分会对研究者的安全构成潜在的威胁，而且这种威胁往往是不可救治的疾病；另一方面，研究仪器和设备越来越精密且需要进行复杂的控制，一旦在任何一个步骤失控都会对研究者造成伤害。因而，在医学建筑设计中，安全是首要的基本保障。

2. 可控环境

可控环境指具有良好的声、光、热环境。从进入现代工业社会之后，人为控制形成不受外界自然环境影响的人工环境是诸多建筑师的努力目标，这一努力在医疗建筑的设计中所起的作用是显而易见的。

3. 人文关怀

随着人们对现代主义的反思，重归自然的呼声成为主流。在医疗建筑中，这种对宜人的自然环境的追求是建立在满足可控的物理环境的基础上的。对研究类教育建筑来说，一方面是创造适于交流的公共空间，如门厅、中庭、咖啡室乃至楼梯平台等，这种空间

中非正式的交流往往会带来学科的交融，形成思维的碰撞，使学术研究得到跨越式的发展。另一方面，是在研究区域营造可以与自然交流的空间，形成宜人的环境。

二、实验用房分区模式及其特点

医学实验用房主要包括三部分：实验室、实验支持空间（包括公用仪器间、冷藏设备室、冷室、消毒室、细胞培养室、暗室等）以及教授办公室。总结国内外相关的设计手册和设计准则等，三者之间的关系可以归纳为八种基本的组合模式（图1）。

模式1：辅助空间与实验室联系方便；需要时可在辅助空间上方设局部夹层；有限的办公空间可能只适用于某些实验室；辅助空间和实验室的固定关系对灵活性构成一定的局限。

模式2：实验室与辅助用房的关系较好；服务走廊可以在辅助空间的任意一边通过，并且可以作为设备储藏空间，同时为所有的实验室提供第二出口；办公室可以使用单独空调系统并且有外窗；实验室无天然采光，只能依靠人工照明；具有良好的灵活性。

模式3：实验室和辅助空间的走廊增加了灵活性；办公室便于分割，与实验室靠近但可以使用独立的空调通风系统；所有的实验室和办公室均有外窗；公用设备便于共同使用。

模式4：办公室和实验室均有外窗；如有需要，辅助空间可改作实验室；办公室和实验室的分隔便利；办公室可以使用独立的空调系统；走廊既是通道，也是服务走廊。

模式5：辅助空间位于办公室和实验室之间；辅助空间与实验室有良好的联系；办公室可以使用独立的空调系统；走廊过长，空间使用率降低；教学机构的典型布局；学生可以不经过实验室而进入教授办公室；实验室的进出受到一定局限。

模式6：平面布局简洁；办公室为嵌入式，导致其造价昂贵；实验室与辅助空间相对隔离；办公室没有天然采光；进出实验室困

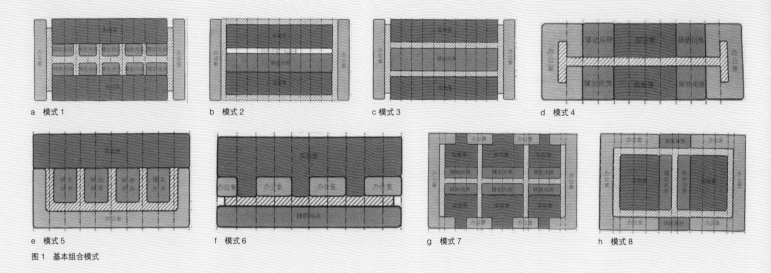

a 模式1　　　b 模式2　　　c模式3　　　d 模式4

e 模式5　　　f 模式6　　　g 模式7　　　h 模式8

图1　基本组合模式

难；一般用于教学机构的研究实验室；建筑面积较大时效率较高；经常用于平面狭窄的建筑的改造。

模式7：实验室和辅助空间联系优良；办公室分散布置，导致其造价昂贵；楼层面积大时比较经济，面积小时不够经济；进出实验室不太方便；是对实验室邻里单元（Laboratory Neighborhood Unit）概念的贴切表达。

模式8：各空间进出方便；办公室靠外墙并分布于实验室周围；办公室要使用独立的空调系统时，会由于其分布过于分散而导致造价增加；跑道式走廊系统造成一定的面积浪费；常见于合作研究机构的建筑；辅助空间和实验室有些隔离；实验室无自然采光[①]。

三、国内外新建医学实验楼的平面布局

20世纪70～80年代，国外医学院设计采用较多的是上述之模式4。这种设计进深不大且空间利用较好，对当时以一个学科组或研究所（系）为一个单元的布局非常合适。但上述模式亦有缺点，一方面是灵活性不够，另一方面是建筑总体上走廊面积占比大，如果每一组实验室单元规模较大，则支持空间的路径不够便捷。

随着技术的进一步发展和设备设施标准的进一步提高，目前国外新建实验楼较多采用上述之模式3、模式5及其组合，其进深一般是30m左右。其优点是：首先，它扩大了每一实验单元的规模，满足了学科之间界限日益模糊、交流日益频繁的需要；其次，由于医学设备仪器的发展，对公用支持空间的需求逐渐扩大，公用支持空间与实验室之间的关系也更加密切，上述布局适应了这一变化。同时，这些布局也提高了实验室的灵活性，更能适应学科未来的发展需求。以下用一些相关案例来加以说明。

1. 采用模式3的案例

例一：美国杜克大学医学院科研楼（Joseph and Kathleen

Bryan Research Building, Duke University Medical Center），1990年建成。实验室基本单元尺寸为6m×7.5m，走廊2.1m。双走廊中间为辅助空间，包括冷室、组织培养室、电梯间、卫生间、配电室、设备机房等。建筑照顾了两个方向的人流关系，底层有穿过式的门厅，楼层中部设计了一个小小的中庭，主要交通空间组织在中庭的两侧。建筑平面布局紧凑、清晰。

例二：芝加哥大学生命研究中心（The Biological Sciences Learning Center and Jules F. Medical Research Center, The University of Chicago），1994年建成。基本特点同前例。该建筑是教学科研综合体建筑，首层有一些示教阶梯教室，楼层中间部分包括一些公用教室；顶层玻璃顶部分是屋顶温室（图2）。

例三：香港大学医学院新楼，2002年建成。实验室基本单元尺寸为7.5m×9m，走廊3m。中间部分辅助空间除上述用房外，还包括学术讨论室以及一些公用实验室等，这部分用房完全依靠人工照明和机械通风。办公室独立于实验室区域之外集中设置，主要目的是便于教授之间的交流，但教授办公室离其实验室较远。

2. 采用模式4的案例

例一：香港中文大学医学院，2001年装修改造。实验室基本单元尺寸3m×6m ／ 6m×9m，走廊3m。办公室与实验室在同一个单元内，进深为9m + 3m + 9m，教授办公室有外窗自然通风采光，而相当一部分实验室为暗实验室（图3）。

例二：同济医科大学教学实验楼，在建。实验室基本单元尺寸8.4m×12.4m，走廊2.1m。这是国内实验教学建筑常用的方法，为了节约能源，避免一年四季使用空调和机械通风的能耗，一般采用单走廊的做法。一部分教学实验室短边朝向走廊，形成较大的进深，这种背面采光的教学用房对于以实验为主的教室来说，理论上是可行的，使用中是否有问题还有待建成后印证（图4）。

a 一层平面图　　　　b 三层平面图

图 2　芝加哥大学生命研究中心

图 3　香港中文大学医学院 实验室层平面图

图 4　同济医科大学教学实验楼 实验室层平面图
1- 暗室　2- 学生实验室　3- 无菌室　4- 准备室
5- 周转库房　6- 消毒室　7- 值班室　8- 精密仪器室

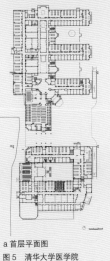

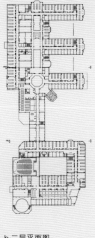

a 首层平面图　　　　b 二层平面图

图 5　清华大学医学院

3. 采用模式 5 的案例

斯坦福大学临床医学中心（Center for Clinic, Stanford University），约 1999 年建成。由福斯特（Foster）事务所设计的这一建筑是将基本模式加以组合运用的典型例子。办公室部分朝向一个内院采光，露天内院由钢格栅形成围合的区域感，院中种有竹子。建筑外侧是一个福斯特式的玻璃盒子，外立面上遮阳构件和细柱表现了建筑师风格上的偏好。

对上述案例加以分析总结，可发现一些共性：实验室的基本尺寸根据实验台确定，建筑模数采用 2.2m 或 3.3m 作为一个单元。房间进深一般为 7 ~ 9m，面宽一般为 6 ~ 7m；建筑由于辅助空间的位置变化而形成不同的平面尺寸；平面布局既要保证办公、实验、辅助空间之间的便捷联系，同时还要保证各使用空间的宜人环境。

四、清华大学医学院建筑设计构想

基于对以上部分项目的实地考察，并结合国内的实际情况，对清华大学医学院设计采取以下模式（图 5）。

1. 模式 3（双走廊模式）与模式 4（中廊模式）的结合

在医学研究中心采用中庭 + 双走廊的模式，中庭侧面的使用空间为实验辅助空间，这样做的好处是：保证周围的实验室到达路径最短；公共仪器室是来访者参观的主要部分，这部分空间与中庭结合，便于参观展示，同时减少参观者对实验室的影响。

将实验室设在公共空间的外围，沿东西方向展开成三翼，每一翼都有良好的采光和通风；一部分辅助用房，包括空调机房等位于每一翼的中间，减少因层高限制带来的管线综合的困难，同时也便于每一翼使用费用的单独计量；实验室连续布置，便于根据需要改变分隔位置，形成面积的动态分配。

2. 模式 5 的发展

在生物医学研究中心采用模式 5 类型并加以改进。在建筑的二层设计了一个中庭，中庭南侧为小空间办公室及管理用房。中庭北侧为进深较大的实验室。其一层及地下室将一部分辅助空间和教授办公室设置于大实验室内部，形成灵活分隔，教授办公室均有外窗；无外窗的空间可以作为无菌室、冷室、设备间、暗室等用途。

上述设计构想具有以下优点。

辅助空间与中庭的结合，形成便于外来参观的空间流线；同时，提供了供内部使用者交流、讨论的场所和进行医德、医学史教育的场所。

三翼之间形成尺度适宜的院落，便于在办公室与实验室之间营造良好的绿化景观；三翼的尺度也与清华老校区的建筑尺度相呼应。

中庭在一定程度上可以减少完全依靠人工照明、机械通风的能耗，增加自然通风的比率；同时，也在该区域形成良好的室内交流和公共活动空间。

建筑不仅应满足安全、可控环境等基本物理要求，同时应营造出宜人的环境。这种环境的营造，不是对既有布局模式的机械照搬，而应当根据具体的建设环境及国内现有的物质条件采用适当的策略，个案的设计策略取舍应完全因时因地而定。

注释
① 参考美国建筑师学会编写的《生物医学研究实验室设施规划和设计指南》（Guidelines for Planning and Design of Biomedical Research Laboratory Facilities）。

图片来源
图 2 摘自 The Stubbins Associates: Selected and Current Works, 2000；图 3 由香港大学医学院提供；其他均为笔者拍摄或绘制。

原文发表于《新建筑》2004 年第 2 期，有改动。

A03 大连理工大学创新园大厦
Dalian University of Technology Innovation Building

A03 大连理工大学创新园大厦

项目地点：辽宁，大连
建筑面积：36600m²
设计时间：2002-2004
竣工时间：2005

　　大连理工大学校园自南门入校为一转折之主路，路边为高大的水杉，炎炎夏日一进校园，高大的水杉林带来满眼的翠绿，在路面投下深深的阴影，让人立即安静下来。校园内道路边有高高的白杨树、茂密的法桐林，形成高耸的行走空间，给人以深刻的印象。

　　大连理工大学创新园大厦设计任务书提出几点要求：一、建筑应为高层；二、需设置一定数量之公共课教室；三、建筑为数学、物理、电信等多个院系和研究所共同使用。

　　我们的设计即围绕这些需求展开。建筑用地位于校园北部，为北高南低之坡地，高差约11m。北侧出校门隔马路为学校家属住宅区，南侧为学校操场。在基地踏勘时，高耸的、成组的高塔成为设计的最初意向。规划设计在用地北部设一对主楼，中部为一栋12层东西向板楼，其西侧为一栋16层南北向板楼，两者呈T形布置，中间设一连接体。在东西向板楼之底层为15m高之架空层，这样自校园北门入校，不是被一栋大楼挡住所有的光线，而是可以看到由架空处地面反射在楼北侧的光，形成独有的室外空间感受。为使架空区域有表现力，通过两个核心筒，使建筑底层完全打开来，形成开敞的室外场所。

　　在平面上，通过将交通核置于两端，形成最大限度的开放式使用区域，满足当前不同院系的使用需求，并为将来的改造更新提供了最大的灵活性。使用区平面由两条走廊分成内区和外区，内区以研讨室、公共仪器室等为主，设高侧窗取得一定的间接采光。这样既满足了使用者对于教授办公室—实验室—会议区相邻之要求，同时也提高了建筑的有效使用率。

　　考虑到有多个院系、研究所等在此建筑办公，首层未设置大门厅，在楼上T形连接体中，隔层设两层通高之公共共享厅，这样将一个大门厅的面积化为若干个小门厅，各院系有自己相对独立的空中门厅，便于学科交流，同时形成健康生态的小气候，建成后颇受使用者的欢迎。

　　高层前侧以大台阶顺地势而下，可达其南部之校园中心空间，台阶与绿化相结合，呈台地花园之景观。坡地广场西侧为多层教学区，通过两个U形凹院使每间教室都有良好的通风采光。几组教室通过一个侧中庭联系起来，侧中庭同时也是学生科技创新活动的展厅。坡地广场东侧设计了供学生活动的景观平台，结合地形高差，形成竖向错落之布局。

　　建筑高层采用黑色铝塑板外墙饰面及银白色金属带形窗，裙房为白色铝板。因投资有限，土建装修综合造价仅3000元/m²。但因整体立面形式简洁，构造节点施工完成度较好，建成后有庄重简洁之雕塑感，成为校园重要的标志性节点。深色高层长长的阴影和裙房白色栏杆、百叶的交错光影，使建筑在白天有着动态的变化，特别是在高楼之上，推窗南望，可近瞰校园郁郁葱葱之全貌，远观渤海之波涛，豁然开朗。

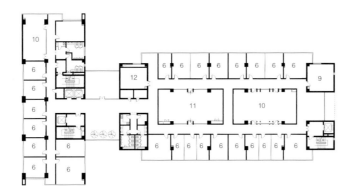

三层平面图

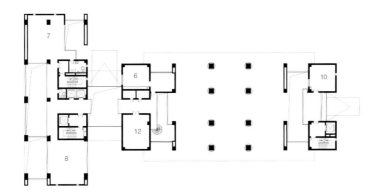

二层平面图

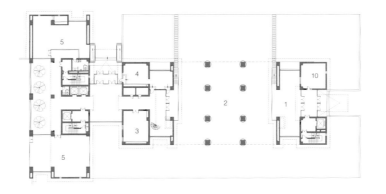

首层平面图

1　景观平台
2　坡地草坪
3　接待室
4　消防控制室
5　室外露台
6　办公室
7　咖啡室
8　茶室
9　博士工作室
10　会议室
11　通信机房
12　空调机房

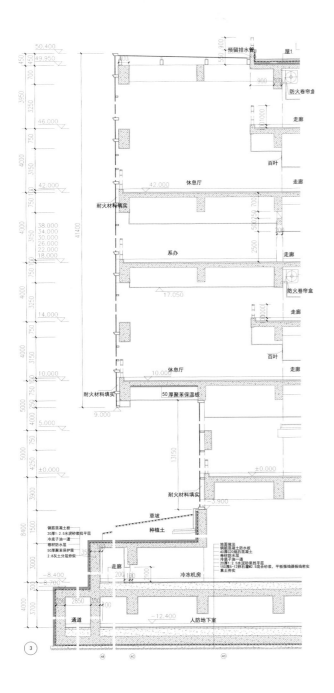

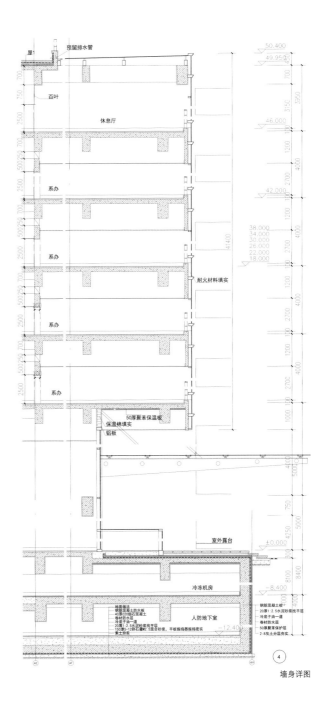

预留排水管

屋1

防火卷帘盒

走廊

百叶

休息厅

走廊

耐火材料填实

系办

走廊

防火卷帘盒

走廊

百叶

走廊

休息厅

50厚聚苯保温板

耐火材料填实

耐火材料填实

草坡

种植土

钢筋混凝土板
20厚1:2.5水泥砂浆找平层
冷底子油一道
卷材防水层
50厚聚苯保护层
2.8灰土分层夯实

地面做法
钢筋混凝土水板
40厚C20细石混凝土
卷材防水层
冷底子油一道
20厚1:2.5水泥砂浆找平层
150厚5~12粒石灌M2.5混合砂浆，平板振捣器振捣密实
素土夯实

走廊

冷冻机房

通道

人防地下室

③

预留排水管

屋1

百叶

休息厅

系办

系办

耐火材料填实

系办

系办

50厚聚苯保温板

保温棉填实

铝板

室外露台

冷冻机房

人防地下室

钢筋混凝土板
20厚1:2.5水泥砂浆找平层
冷底子油一道
卷材防水层
50厚聚苯保护层
2.8灰土分层夯实

墙面做法
钢筋混凝土防水板
40厚C20细石混凝土
卷材防水层
冷底子油一道
20厚1:2.5水泥砂浆找平层
150厚5~12粒石灌M2.5混合砂浆，平板振捣器振捣密实
素土夯实

④

墙身详图

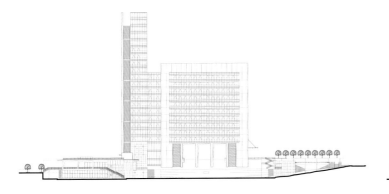

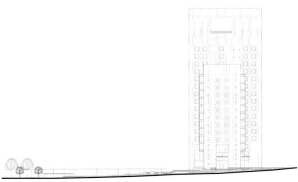

立面图

A04 先正达北京生物科技研究实验室

项目地点：北京
建筑面积：17372m²
设计时间：2009
竣工时间：2011

先正达北京生物科技研究实验室目标是建立一个全球统一标准的高水平的实验室。其设计亦采用全球统一之标准遴选，之后设计者与科学家进行了多次头脑风暴式研讨，且设计者专门到美国北卡罗来纳州之先正达总部实验室调研，最终得出设计的共识：一、空间规划需基于以科研方向为模块的科研需求；二、每个研究团队除了实验室之外，另有独立的研究区；三、需要多种类型的交流空间，特别是 2 ～ 4 人的研讨室；四、管理部门有独立的工作区域。

项目建设用地为与正南北方向成 40° 左右的长方形地块，一侧毗邻道路，具有完善的外部配套条件。设计将研究楼布置在用地北侧临城市道路，两栋多层的建筑以连廊相接，其间形成具有通风作用的内院。建筑标准层每层为独立的实验单元，由试验区和研究区组成。试验区内设置实验室和实验辅助空间（support area），通过门禁系统和其他空间相联系。研究区包括每位研究者的工位、研讨室以及其他辅助空间等，在公共区连廊上特别布置了咖啡区，以及 2 人、4 人的小型咖啡讨论位。这样既保证了实验单元的独立性和作物实验的安全性，同时和研讨区又有便捷的联系。所有的空间都可以拥有良好的窗外景色。

作为全球农业科技研究重要企业的研究场所，设计中将植物作为特别的要素。在建筑的首层，为了适应所在地的需要，布置了较为宽大的门厅，可为大型活动、新闻发布等使用，报告厅以及多间小型会议室与门厅相连。门厅墙面最初设计为各种作物的垂直绿化墙面，考虑物种的选择、维护等因素，最后改为植物种子和标本的展示墙。管理办公区位于南楼之顶层，自北楼电梯上至管理办公区，首先映入眼帘的是电梯厅窗外的屋顶花园，种植了适应地理条件的草坪、花卉、灌木以及竹子等，形成宜人的景观。

农业研究温室有严格的朝向和温度、湿度要求，为正南北布置，故而与研究栋成一定角度，之间为内部小花园。温室以轻钢结构为骨架，外面附以能够投射大量阳光的玻璃外墙和玻璃顶棚，以满足育种之需要。

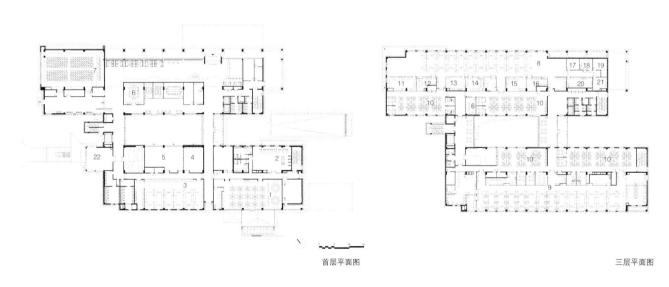

首层平面图

三层平面图

1　餐厅
2　健身房
3　标准实验室
4　实验支持用房
5　实验兼器具室
6　会议室
7　多功能报告厅
8　特性研究实验室
9　植物分析实验室
10　办公区
11　SCN 分析实验室
12　种植和萃取室
13　植物剖面室
14　荧光显微室
15　氮分析室
16　高压液相色谱
17　荧光显微室
18　暗室
19　扩展实验室
20　标本准备室 / 研磨室
21　光照培养室
22　货物暂存室

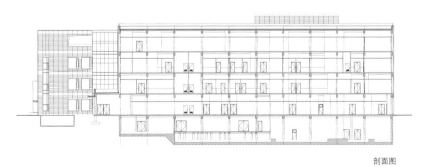

剖面图

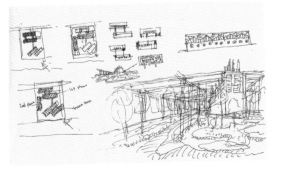

A05　北京老年医院
Beijing Geriatric Hospital

A05 北京老年医院

项目地点：北京
建筑面积：36640m²
设计时间：2011-2012
竣工时间：2015

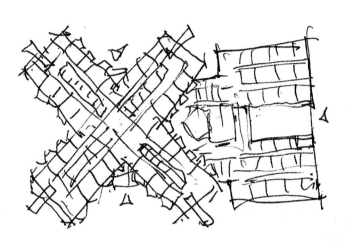

从询问"理想的老年病房应该是什么样"这一基本问题出发，项目重新定义病房单元，通过在其外端附加半八角形的扩大化类飘窗区域，使之成为一个光照更好、布局不同以往的崭新原型。其中，由于房间具有更丰富的几何形状，空间角度和方向得以增加，每张病床均获得一个专属自己的窗户并共享一个大窗，同时与其他病床的位置关系更佳——患者同心相向，而非如一贯模式平行排列，故而既在心理上相互支持、有所归属，又得以保持各自隐私，与他人保持更大的物理距离。

建筑整体的十字形平面布局及其凹凸进退、曲折起伏的立面形象，不过是上述病房新原型的自然产物，真实恰切地展现了这座建筑身为老年医院、地处优美市郊的特点——在那里，窗中西岭，床前银杏，将更多的自然美景引入室内，用更多不同方向的窗，框出一幅幅活的风景画，这些不仅是适当的，而且几乎是必需的。

设计一直坚持着这样一个理想：我们要完成的不仅仅是一个先进的治疗老年疾病的医院，更希望能够成为让病人、医护人员及所有使用者感受到关怀与呵护的"温暖的家"。很幸运，医院领导与我们有着一致的目标。在团队的共同努力下，从总体概念、单体建筑到景观环境、室内装修，我们始终在营造社区—家庭的氛围，既有公共开放活动空间，也注重私密性设计。这里有自然的阳光、空气，有便捷高效的诊疗服务，有完备多样的康复设施，有整洁舒适的工作场所，有让所有使用者感受到温馨体贴的细节设计。

总平面图

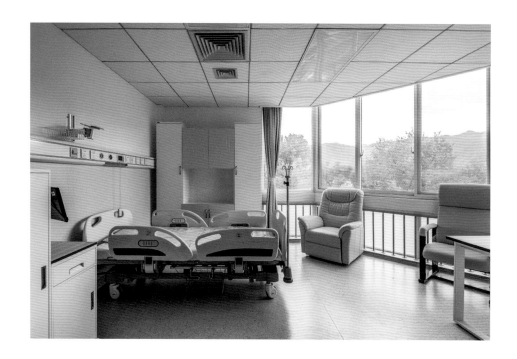

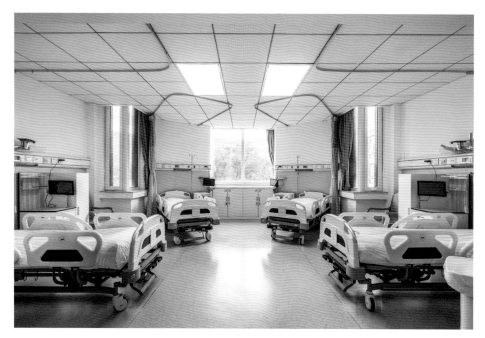

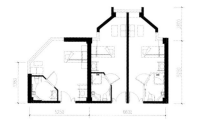

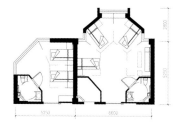

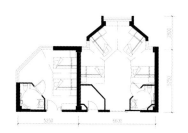

1人间   2人间/3人间   2人间/4人间

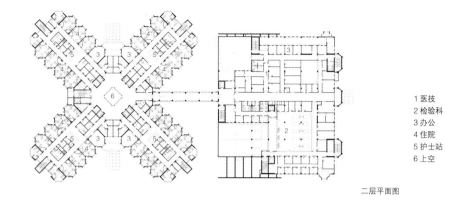

1 医技
2 检验科
3 办公
4 住院
5 护士站
6 上空

二层平面图

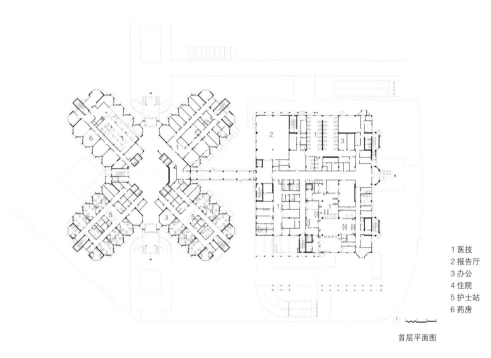

1 医技
2 报告厅
3 办公
4 住院
5 护士站
6 药房

首层平面图

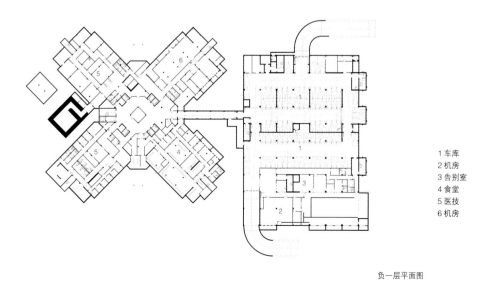

1 车库
2 机房
3 告别室
4 食堂
5 医技
6 机房

负一层平面图

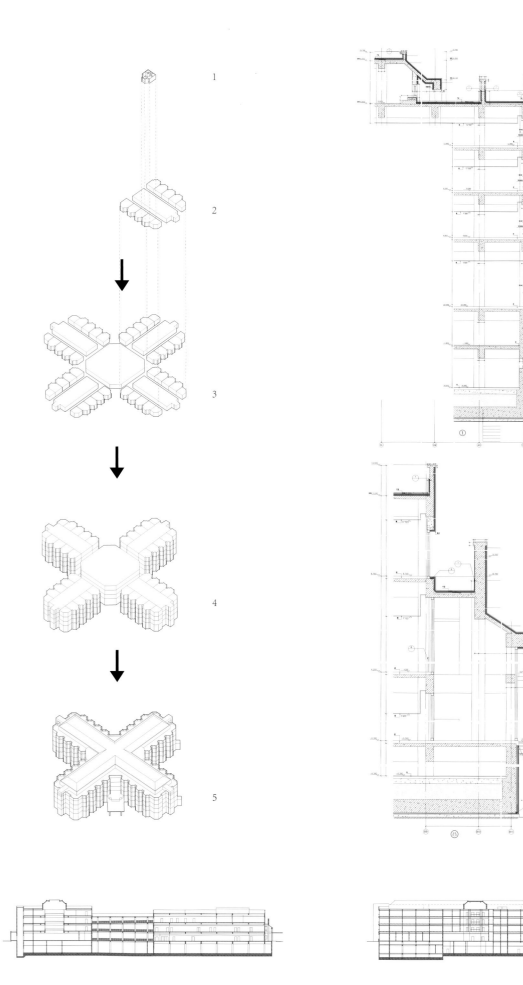

墙身详图

剖面图

B04 发达国家当代医疗建筑发展及其对中国的启示
The Development of Contemporary Healthcare Architecture in the Western Countries and Its Inspiration to China

面对社会的发展和医疗保障制度的变革，当代医疗建筑是否能适应变化得以存在并且有所发展，真正成为救助和康复的人类"诺亚方舟"？答案应当是肯定的。在当代西方，城市中人口的聚集发生了显著的变化，原来城市中心的大型医院面临着地段衰落、缺乏病源的困境。在这种状况下，城市医院通过一系列调整发展的策略，在布局上适应变化的社会条件，形成了新的发展形态。

一、重视医疗设施规划布局的层次性

由于传统的工业逐渐消失并向第三世界国家转移，造成西方发达国家城市格局发生变化。在规划布局层面，原有城市中心区人口减少，城市逐渐萧条，同时伴随着后工业社会的进程，工作的场所越来越分散，人们逐渐搬到郊区居住和工作，郊区日渐发达。原来依靠城市街道邻里人口的医院病源不足，城市医院面临几个选择：一是在原有地方扩大自己的实力，从街区型的医院转化为覆盖周边城市乡村的地区性医院；二是在郊区发展自己的基层医疗机构，形成自己的触角，将病源由基层门诊诊所输送到城市医院来；三是城市医院搬迁到郊区去。

1. 城市医院的就地扩张

城市中的医院在原有的用地上进行发展性扩张，或者已经是地区性的大型医院的由于业务量的增加而在院区内扩建，在医疗上可以暂时满足要求，但建筑规划和设计本身难度极大，往往院区拥挤不堪、纷乱无序。美国波士顿麻省总医院经过多年扩建，建筑密度极大且布局不够合理，加州大学旧金山分校（UCSF）医学院及教学医院均建成高层仍不敷用，都可作为例证（图1、图2）。

2. 发展郊区基层医疗机构输送病源

在美国，由于医疗费用高昂，城市医院中病床空床率一直在增加，反过来又造成医院收入下降，医院逐渐重视医院门诊的重要性。1983年仅有12%的医院有门诊业务，到1987年，23%的医院增加了门诊服务；1980年代末，医院30%的收入来自门诊，到2000年前后70%的收入来自门诊。门诊收入对医院来说越来越重要，这也促进了城市中心医院与社区医疗机构的网络化整合，社区医疗机构得到快速的发展，从而使医疗设施可以提供所谓的"一站式服务"，即从一个社区基层门诊开始，病人即可接受与医疗相关的各项服务，而不会像以前一样，由于分别到不同的医院诊疗而造成重复的费用。根据统计，美国1992年医院建设投资70亿美元，建筑面积3700万平方英尺；1996年则下降到50亿美元，建筑面积2300万平方英尺。与此同时，社区医疗机构建设投资从1992年的40亿美元上升到1996年的56亿美元，建筑面积则从4000万平方英尺增加到5200万平方英尺。[①]

3. 城市医院向郊区搬迁和医疗城模式的形成

由于郊区土地宽裕且价格便宜，各种建筑法规又较城市中宽松很多，水、暖、电设施建造和运行较城市为易，这样就吸引许多城市医院搬迁到郊区去。通过搬迁，城市医院不仅取得了新的病源，而且医疗经营模式也随之得到了发展，使老医院起死回生。例如，美国田纳西州浸信会纪念医院原来位于孟菲斯市中心，是美国南部最大的医院之一。但是由于其医疗费用高昂，政府提出"公共医疗补助计划"使医疗转向贫困人口，加上城市人口减少，该医院面临倒闭的危险。为了寻求新的发展点，浸信会纪念医院提出了一项称为"密西西比的计划"，在孟菲斯市人口增长最快的东部郊区开设一家新医院，新医院最初作为门诊部，但其发展很快，不久即增设心脏中心和妇科中心。但城市中的老医院依然由于病源均为贫困人口而入不敷出，最终老医院被关闭，所有业务转移到孟菲斯市东郊的新医院来，同时又在经济发展最快的卡里维勒市建设一个新医院，作为孟菲斯市东郊的新浸信会纪念医院的分支。至此该医院摆脱倒

图 1　UCSF 医学院及教学医院

图 2　美国波士顿麻省总医院

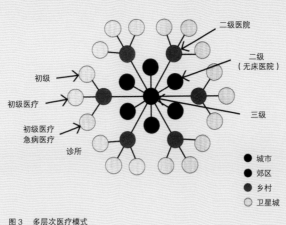

图 3　多层次医疗模式
资料来源：《Hospital and Healthcare Facility Design》

图 4　斯文森提出的功能重组模式
资料来源：《Hospital and Healthcare Facility Design》

闭的阴影，走向了新的发展途径。

城市大型医院的搬迁或者是郊区医疗中心的兴建，也促使医疗资源进行重新整合，出现了将不同的专科医疗设施规划集中在一个园区内，形成优势互补、资源共享的医疗城的模式。

在医疗设施从现代主义城市聚集时期的中心化向分散化、医疗覆盖更加匀质化的过程中，网络技术的发展起到了至关重要的作用。网络使得以前单独分散的一个个医院变成了分在不同地点的"一个医院"。连锁的医院之间、大型医院与其并购的小型医院之间，都可以通过信息的高效传送提高诊疗的速度和质量，从而占有更多的市场份额。

造成医疗建筑规划布局变化的因素，既来自于城市化到郊区化发展的需要，又有网络社会提供的技术支撑，还有医疗保障制度变化等原因的促进，各方面因素推动了多层次医疗模式的形成（图3）。规划布局的变化要求建筑师需要有系统化设计的观念，而不是孤立地面对一栋栋建筑的设计问题。

二、适应医疗人群新的需求的功能重组策略

美国建筑师斯文森（Earl Swensson）针对医疗模式的发展提出了功能重组的策略。以前的医院内分区布局主要按不同科室的设置来进行，病人看一次病就需要在建筑中不同的部分多次往返。斯文森将医院分为，支持部门、服务部门、护理部门三大部分（图4）。在麦克米威尔社区医院中，服务部门包括挂号、收费、门诊诊室、行政管理办公等集合在一个区域内；支持部门包括供应、餐饮、保洁、设备用房等，以及药房、检验、教育（社区医疗普及教育、互联网服务等）；护理部门包括影像诊断、入院检查、急诊和ICU、手术和术后恢复、产科、病房护理等。相关的部门组合在一个区域内，医护人员按照工作的区域进行组合，如病房层的护士负责在病房层抽血并将血样送到检验中心；行政办公和门诊挂号等紧邻以便

于及时采集各种数据，协调门诊医生的工作安排等（因为美国的门诊医生并不隶属于一个医院，需要经常作医生的出诊安排）。不同部分由单独的或多个入口，包括主入口、门诊医生入口、急诊入口、救护入口、妇科中心入口、医护入口、后勤入口等。这种平面布局有些像将一个个小型专科诊所组合在一起的形态，目的就是使病人进门后能得到"一站式服务"，不必在不同的部门之间往返。

三、医疗街空间模式

南丁格尔式医院的布局，建筑与建筑之间由廊子连接，创造出了类似于校园般的如画的建筑群；现代主义医疗建筑枝状空间模式解决了复杂功能的空间组合问题。在两者基础上进一步发展，在1970年代中期出现了医疗街模式的设计。

建于1991年的美国达特茅斯-希契考克医学中心建在新罕布什尔州（New Hampshire）莱巴嫩（Lebanon）的旷野之中，建筑南北有1层的高差，贯穿南北有一条100多米长的医疗主街，街两旁是1家银行和13家商店、餐馆等，主街联系两栋住院楼、诊断检查和治疗楼，以及医学研究中心等，两侧的建筑由过街桥联系在一起。医疗主街室内通过室外尺度的路灯、商店的遮阳、街边座椅、天窗等元素和门窗、栏杆的色彩等手段，营造了一个使人轻松舒适的公共环境（图5）。

巴黎的罗伯特·德布雷（Robert Debré）儿童医院位于巴黎市19区的东北角，北侧是巴黎市内环路，用地南部有一个小教堂，建筑师的理念是设计一个"与城市紧密相连并且渗入城市的医院"，建筑平面呈弧形，一条医疗主街沿着弧线方向将城市街道空间在建筑中贯穿起来，沿着主街是医院各个部门、小商店及一个冬季花园等，为了"改变战后机器般的医院建筑的索然无味的匀质空间"，"建筑中的每一个部门在设计上都有自己的个性特点，从而在一个大型城市建筑的内部创建出一系列乡村般的建筑特征。"[②]建筑邻近小

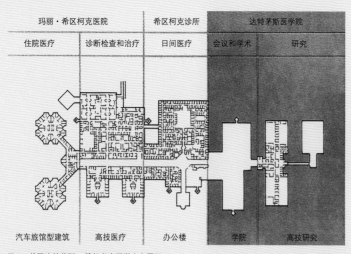

玛丽·希区柯克医院		希区柯克诊所	达特茅斯医学院	
住院医疗	诊断检查和治疗	日间医疗	会议和学术	研究

汽车旅馆型建筑	高技医疗	办公楼	学院	高技研究

图5　美国达特茅斯－希契考克医学中心平面
资料来源：《Shepley Bulfinch Richardson and Abbott: Past to Present》

图6　法国巴黎罗伯特·德布雷儿童医院外观　　图7　法国巴黎罗伯特·德布雷儿童医院医疗
资料来源：《Healthcare Architecture in an Era　　街室内
of Radical Transformation》

教堂周围空间的部分为一到二层，往北逐渐升高形成一系列平台，平台上有绿化、座椅等，从各层不同的标高可以出到屋面花园，在体量上将整栋建筑打碎形成高低错落的小尺度的体块，新老建筑在城市空间上达到完美的融合（图6、图7）。

四、室内空间宾馆化和家居化倾向

从词根上来看，医院（hospital）和宾馆（hotel）、客栈（hostel）都有相同的词根，可以追溯到古拉丁语"hospitāle"，都有居住、客宿的意义。在西方当代，医院开始认识到对待顾客应当像宾馆的"客人"而不是"病人"的重要性，从这个概念延伸到医院的住院部设计中，自1970年代末就研究其宾馆化的倾向。医疗建筑宾馆化的设计是基于"医院不仅需要提供最好的医疗护理服务，还应该提供一个令人愉悦的环境"的思想。[3]在这种思路下的医院建筑中，门厅等公共区域往往用大量的木质装修，摆放各式各样的植物，座椅成组布置，色彩用柔和的灰、黄等代替一般医院中大量的白色。在病房设计中，病床床头的综合面板被隐藏在木装修背板内，有家具、窗帘、装饰画等，除了地面不铺地毯便于治疗外，其他和宾馆房间没有什么两样（图8）。

除了室内设计风格外，医院中的服务也开始具有宾馆化的特点，美国休斯敦美以美教派教会医院制定了一套医院宾馆化服务的计划：病人到病房楼门口会有门童开门；行李员帮助病人把行李送到房间；和顶级宾馆一样，医院还设有接待人员，负责病人就医全过程的陪同，安排病人家属，帮助停车，提供洗衣服务、订餐服务等。

当前国外医疗建筑的设计还有家居化的倾向，在布局上，有的采用"簇式单元"的布局，形成类似于住宅厅室空间的组合模式，这种空间减弱了长廊式布局带来的兵营感，使人感受到居住空间的气氛（图9）。

这种模式同时还压缩了护理的距离，据统计，与普通病房每

个病人每天平均仅3.1~3.4护理小时相比，簇式单元病房护理人员减少14%且每病人每天平均护理时间可达到5护理小时。[4]

有的病房带有小厨房，室内装修得像住宅，用大量的木装修，装点着植物，甚至从博物馆租来画作挂在墙上。在管理上也注重家庭氛围的创造，病历对病人完全开放，护理人员与病人经常充分地交流，探视时间不限制，家属可以随时探视，等等。

宾馆化和家居化的倾向都是基于一个观念，即病人所熟悉的环境和不熟悉的环境相比，前者能够对减缓病人的压力起到积极的作用（图10、图11）。

五、发达国家医疗建筑发展的启示

发达国家当代医疗建筑的发展对于中国医疗建筑的发展具有重要的借鉴意义。

第一，随着当代影响医疗发展因素的变化，医疗建筑需要随时代要求而变革和发展。

针对城市结构的变化和医疗需求向人性化发展的倾向，发达国家及时调整了医疗建筑的规划布局，在建筑内部的功能布局上也尝试了功能重组的策略，并发展了公共空间的医疗街设计模式，以及建筑室内空间的宾馆化和家居化模式等。这些都对中国当前医疗建筑的发展方向和具体设计方法具有借鉴作用。

第二，在中国医疗建筑的发展中，对照发达国家的发展历程，需要避免沿袭发达国家业已形成的结构性过剩带来的问题。

美国1946年为了加强和规范医疗建筑的设计，曾颁布了《医院建设法案》（The Hospital Construction Act of 1946，又称《Hill-burden法案》），该法案的内容包括医疗建筑平面的标准、房间的布局、床位数标准、诊断检查部门最低标准等，最早适用于远郊区或城乡接合区域的新建医疗设施，后来逐渐涵盖城市医疗设施。1954年增加了护理之家和康复之家的标准，1964年增加了改

图8 美国拉斯科里娜医学中心病房
资料来源:《Healthcare Architecture in an Era of Radical Transformation》

图9 美国桑姆维勒医院簇形单元
资料来源:《Healthcare Architecture in an Era of Radical Transformation》

图10 1900年伦敦盖伊医院病房尽力营造家庭气氛
资料来源:《剑桥医学史》

图11 美国莫林三一医学中心家居化的病房室内
资料来源:《The Architecture of Hospitals》

造计划,1970年增加了邻里健康中心和酗酒治疗中心的标准等。

《Hill-burden法案》的实施促进了医疗设施的投资,根据该法案的标准建设的医院一般在标准层设尽可能多的病房,底层作为诊断检查用房。由于医院规模不断扩大,投资逐渐成为主要的问题,1967年控制医疗造价研讨会上估计,全美国医院现代化改造计划需要的费用达100亿美元[5];1960年代末到1970年代初,美国医院又出现了购买新型设备和扩张用地的热潮,加上医院单床建设投资和运行费用过高的问题,造成医疗建设系统金融崩溃的危险。虽然1965年通过的《医疗保险和医疗救助法》(*Medicare and Medicaid*)减弱了《Hill-burden法案》的作用力,但是由于医疗投资过高过快,病床床位数逐渐过剩,成为医疗系统改革的包袱,问题积累到克林顿政府时期仍然没有办法彻底解决。

中国目前正面临着医疗设施稀缺和布局不平衡的双重问题。前一阶段医院建筑在短时间内大量建设,建设标准比较单一,主要着眼于近期医疗快速膨胀的需求;当前随着新的医改政策出台和将来逐渐细化落实和实施,为了避免重复西方发展过程中的问题,急需重视建筑的多样化,重视设计的前瞻性。

第三,考虑到中国现实情况的特殊性,需要运用政策导向来实现医疗资源的平衡发展。

中国医疗建筑的发展既具有与西方医疗建筑发展的共同背景,又具有自身的特殊性。城市郊区化的不同特点决定了中国大型医院与西方不完全相同的发展现象,相当多的中国大城市大型医院仍然在原有的城市中心区域扩建发展,其原因一方面是中国城市化的特点为城市中心区的病源不减反增;另一方面城市化的水平使建成区的各项生活、工作服务设施优于新建区,医疗机构外迁的动力不大。在这种情况下就需要政府运用政策导向促使医疗资源朝平衡的方向发展,以满足快速增长的医疗需求。

注释

① 参见:MILLER R M, SWENSSON E S. Hospital and healthcare facility design[M]. New York and London: W. W. Norton & Company Ltd., 2002.

② 参见:MARTIN H. Guide to modern architecture in Paris[M]. Paris:ditions Alternatives, 2001.

③ 参见:BETSKY A. Framing the hospital: the failuture of architecture in the realm of medicine. 转引自:WAGENAAR C. The architecture of hospitals[M]. Rotterdam: NAi Publishers, 2006.

④ 参见:VERDERBER S, FINE D J. Healthcare architecture in an era of radical transformation[M]. New Haven and London: Yale University Press, 2000.

⑤ 同上.

参考文献

[1]MILLER R M, SWENSSON E S. Hospital and healthcare facility design[M]. New York and London: W. W. Norton & Company Ltd., 2002.

[2]VERDERBER S, FINE D J.Healthcare architecture in an era of radical transformation[M]. New Haven and London: Yale University Press, 2000.

[3]HARRELL G T. Planning medical center facilities for education, research, and public service[M]. The Pennsylvania State University Press, 1974.

[4]WAGENAAR C. The architecture of hospitals[M]. Rotterdam: NAi Publishers, 2006.

[5]HESKEL J. Shepley Bulfinch Richardson and Abbott: Past to present. SBRA Incorporated, 1999.

原文发表于《城市建筑》2009年第7期,有改动。

B05 介入城市生活的当代医疗建筑
The Intervention in City Life of the Contemporary Healthcare Architecture

一、医疗建筑与城市关系的发展变迁

医疗建筑是以治疗疾病、维护人类健康为目标的建筑设施，随着人类社会的发展进步，医疗建筑的内涵不断变化，其与城市的关系也经过了三个主要发展阶段。

1. 结合期：古希腊到中世纪早期

西方医疗建筑起源于古希腊时期，是与神庙相结合的包括祭祀、治疗、商业、表演等功能在内的疗养综合体。中世纪早期，医疗建筑多是依附教堂、官邸等发展，没有独立的形态。中国古代除官立的医疗机构外，主要靠私人行医提供医疗服务。医疗建筑完全是位于市井之间的普通建筑物。在空间形制上，这一时期的医疗建筑与城市中的其他建筑相比，并没有太多的特殊性，与城市生活也是紧密联系的。

2. 分离期：中世纪中晚期到近现代

欧洲中世纪中期，"医院"作为一种完整的医疗机构开始出现。由于黑死病的肆虐，医疗建筑开始了与城市生活相分离的倾向。这一时期，医疗建筑表现出"医疗王国"里的自运行性。一方面，医疗院区周边的人群认为医院内的疾病会威胁到周边的安全，医疗建筑与城市的关系变得界限分明，成为独立于城市日常生活的一个存在；另一方面，由于医院人群的城市生活需要（商品购买、医药需求等），医疗建筑与周边的城市空间又呈现一种相互的侵蚀状态，表现为消极混乱的空间界面。

3. 融合期：1970 年代至今

信息化技术的进步促进了社会形态网络化、系统化的发展，当代的城市与建筑作为一个不可分割的整体，反映出了社会的整体复杂性。当代医疗建筑逐渐由"治疗疾病的机器"向"关怀病人的建筑"发展。一方面，由于信息化及医疗技术的发展使医疗设备逐渐小型化，

减弱了技术对建筑空间的约束性；另一方面，就诊者在医疗服务中主体性地位的建立也促进医疗建筑追求自身的特色，医疗建筑是"建筑"而不再仅仅是"机器"。在满足功能的前提下，医疗建筑将更加重视建筑性，将会更多体现城市的特征，更多实现城市综合体的价值。

二、当代医疗服务的发展背景

20 世纪中期以来，医疗服务技术、对象、模式以及政策的发展变化，促进了医疗建筑在规划、功能、空间等方面不断调整，向人性化需求方向发展，从而使当代医疗建筑更加深入地介入了城市生活。其发展背景主要包括以下几方面因素：

其一是人类疾病谱的变化。当代威胁人类的疾病谱发生了变化，一些大规模的传染病得到了控制，慢性病成为医疗界需要攻克的难关，这使得预防成为医学的首要任务。同时，人们仍需面对已有传染病的变异和新型传染病的出现，如 2003 年传染性非典型肺炎（SARS）的流行和控制。

其二是医学高新技术的发展。现代科学技术的发展，将医学的研究、诊断、预防、治疗推进到一个全新的水平，如基因技术、内窥镜技术、器官移植及人工器官技术、机器人手术、视觉仿真技术以及新药物的不断发明，都促使医学向新的模式转变。

其三是从"生物—医学模式"到"生物—心理—社会—医学模式"的转变。1977 年美国的恩格尔教授提出的"生物心理社会医学模式"，在保留和发展"生物医学模式"技术特征的基础上，更加重视心理和社会因素，要求医学结合自然科学和社会科学两方面属性，采取系统综合的整体解决方法。这种以病人为中心的人本主义医疗观促使医疗建筑向适应人的使用和心理需求的方向转变。

其四是医疗服务对象的扩大。世界卫生组织提出了新的健康标准：健康不仅是没有疾病和病症，而且是个体在身体上、精神上、社会适应上完全安好的状态。这使得医疗的范畴向康复、保健、预

图1 英国格林威治皇家海军医院表现了建筑与城市的友好界面

图3 林口总院一层健康促进中心

图4 林口总院总平面

图2 荷兰格罗宁根市立医院概念方案体现了建筑对城市的积极意义

图5 林口总院模型

图6 林口总院地下一层商业街

防、疾病治疗等多方面扩展，医疗服务的人群也因此扩大，从而使日常生活与医疗建筑日益融合。

可以预见，随着人类疾病谱向慢性病转化和医疗技术的发展，人们对于疾病的恐惧和空间隔离的观念将越来越减弱；同时，随着多层次医疗格局的实现，医疗将逐渐融合于城市生活之中，医疗建筑空间将具有更大的兼容性，与城市建立更加友好的界面，并与之和谐共生。

三、当代医疗建筑的发展趋势

刘易斯·芒福德在其著作《城市文化》和《城市发展史》中指出：城市"是社会活动的剧场"（a theater of social action），一切活动包括艺术、政治、教育、商业等都是用来使"社会剧"（social drama）更加精彩[①]。城市的这一文化属性用来描述医疗建筑的本质特征也是很恰当的：医疗建筑对应于疾病人群，如同城市对应于城市人口，都带有社会、职业、文化属性；医疗建筑中分成科室部门，通过各种交通流线串联起来，如同城市中由街道、广场联系起来的街区邻里。

在满足功能结构的前提下，一方面，医疗建筑的发展将从独立于城市生活之外的另一个王国，转变为城市生活的一个有机组成部分（图1、图2），其发展与城市和乡村聚落的发展渐趋同步；另一方面，医疗建筑将从现在将所有医疗功能集中于大型设施的形态，转化为具有网络化联系的散点形态，从而更注重建筑的地域性特征。

四、介入城市生活的医疗建筑案例

长庚医院是台塑王永庆先生创办的，经过多年发展，分院已遍布全台湾地区，可以提供良好的公共医疗服务以及整个台湾地区1/3的病床位。林口总院是其中规模最大的一所医院，在30年运营中不断调整改造，以适应社会生活的变革，现已发展为设有

3700余床位的超大型医疗设施，并且与城市形成良好的互动关系（图3、图4）。本节将结合该院的功能、空间、公共服务三个方面，分析当代医疗建筑对城市生活的多层次介入。

1. 功能复合化

当代医疗建筑的功能表现为高度的复合型，主要原因有二：第一，健康保障服务在医院功能中所占比例提高，就诊者很多为健康人群，需要为之提供更多的非医疗性服务设施；第二，当代社会生活的一体化与集约化运作模式促进了城市与建筑功能的高度融合，公共建筑的功能由单一性向复合性发展，医疗建筑也适应社会生活的需要，容纳越来越多的复合功能。

当代医疗建筑功能首先包括多样化的医疗职能。随着社会及医学的进步，人们更加重视生活质量，关注生理、心理的全面健康，医疗活动逐渐向预防与保健护理发展。医疗建筑作为医疗活动的载体，其功能也在不断演变，针对多样人群的保健、美容、心理咨询等成为医院的新兴职能。近年来，林口总院的健康医疗职能占了越来越大的比例，按摩、咨询等服务均布置在底层平面较重要的位置（图5）。美容科更是考虑周全，甚至为VIP客户提供了专门的出入通道及单独的接待房间，满足其私密性要求。

当代医疗建筑功能还包括混合化的城市职能。城市生活的一站式、全方位服务趋势使医疗建筑承担了越来越多的城市职能，商业、休闲等与医疗功能的结合，促进了其向城市综合体的发展。林口总院的首层及地下一层布置了大量的城市公共设施，如画廊、银行、邮局、便利店、水果鲜花店、医疗用品店、书店，以及风味美食街、茶室、连锁咖啡馆、快餐店等各类餐饮服务设施，与城市功能高度融合（图6）。这些设施不但为院内服务，而且为周边公众服务。据统计资料显示，整个台湾地区单位面积营业收入最高的7-11便利店就附设于该医院，而位于地下一层的美食街更是周边城市区域的一个重要功能节点，成为许多市民消费、休憩的场所。

2. 空间整合化

当代医疗建筑在空间形态上，逐渐由封闭向开放发展，城市公共空间与室内外空间的交叉叠合和有机衔接，改变了医院与城市的界面，使医院融入城市环境中。原因主要在于：其一，随着医疗技术的进步以及医院的专业化，多数医院对于传染性的控制要求逐步降低，这为医疗建筑的开放性创造了条件；其二，医疗建筑在功能上的城市化、复合化也决定了其在空间形态上与城市空间的进一步融合。医疗建筑与城市空间的整合表现在两个方面。

一是外部公共空间。医疗建筑的公共属性决定了其外部空间与城市空间应具有良好的衔接与融合，以保证大量人流集散以及城市空间的完整性。林口总院西北侧临城市道路处布置了以长庚湖为中心的大片绿地，整合了周边杂乱的城市环境，将院区空间与城市空间自然地融为一体，公众可以通过林荫道步入院区，并且由下沉庭院进入地下一层的休憩服务空间。

二是建筑底层空间。底层空间是医院与城市空间直接贯通的层面，也是人流量最集中的层面。对医疗建筑而言，该层面是外部空间与室内空间交织、就诊人流的分散与集中的重要场所。目前针对中国人流量的特点，较为合适的做法是设置"医疗街"模式。但大陆地区医疗街一般仍只作为交通疏散空间，此时还需要发挥真正融合城市服务、在医院内部建立街道般的环境和气氛的功能，从而形成相互交融的城市空间。林口总院始建于1970年，因此并没有非常宽敞、高大的医疗街空间，但是经过多次改建后，因地制宜地在建筑底层形成了数条便利"街道"，提供就医、商业、交通候车等服务。

3. 公共服务共享化

信息化社会的特征之一就是资源的交流与共享。医疗建筑作为一个开放的城市节点，在公共服务方面应遵循共享、互补的原则。

首先是共享的城市基础设施。作为医疗服务性机构，长庚医院提供接送班车和治疗的全程服务，方便民众就诊。随着规模的扩大及

各分院的广泛布点建设，班车的数量越来越多，线路也越来越广。所属航通运现已发展成为大台北地区公共交通系统的一部分，实行公车化运营，定点定时发车，除了满足医院医护人员上下班、病患就诊以外，也面向普通市民提供服务，运行线路包含了各分院以及大台北地区主要的交通干道，成为城市公交的有效补充。林口总院底层入口的侧厅为候车室，就诊者和普通民众均可以在此搭乘往返台北、桃园车站及各分院的班车。此外，医院附设的大规模停车场也面向社会开放。

其次是共享的医疗服务。信息技术的发展使医院与医院之间的信息传递和联系更加方便，最终将实现区域化的医疗卫生信息资源共享，实现电子病历、公共卫生与相关行业的信息资源共享，实现网络化的远程协同医疗服务。林口总院在各分院中规模设备最完善，比如其检验科就拥有台湾地区最现代化的仪器及检测手段，因此长庚医院将复杂的检验集中到林口，统一进行检测诊断。另外，遍布台湾地区的各分院间也已实现了电子病历的共享，患者可以方便地在各地就诊。

五、结语

当代医疗建筑不再是一个封闭的独立体系，已经越来越成为重要的城市公共生活节点。具体表现为：在功能上更多被赋予城市职能，在空间上与周边城市空间自然融合，在公共服务上与城市相互支持。医疗建筑对公众日常生活的这一深度介入，体现了城市生活一体化、医疗机构职能复合化、资源共享化的当今社会发展趋势。

注释
① Lewis Mumford. What Is the City? 转引自：LEGATES R T, STOUT F. The city reader[M]. New York：Routledge, 2003.

参考文献
韩冬青，冯金龙. 城市·建筑一体化设计 [M]. 南京：东南大学出版社, 1999.

作者：刘玉龙、王彦
原文发表于《城市建筑》2010年第7期，有改动。

B06 从治疗到居住：针对老龄化社会的设计
From Treatment to Residence: Design for an Aging Society

人口老龄化是老年人口在总人口中所占比重不断扩大的过程，是经济发展与人口自然发展的必然结果，尽管各个国家出现老龄化的时间有早有晚，人口老龄化发展速度有快有慢，进入老龄化的时间有先有后，但是无一例外最终都要成为老年型国家。

联合国在《人口老龄化及其经济社会含义》中提出了划分人口年龄类型的标准，根据此标准，65 岁以上的人口占总人口比重达到 7% 以上，或是在发展中国家里 60 岁以上的人口比重达到 10% 以上，即认为该国家和地区为老年型国家和地区。

在老年型国家，人口增长的势能减弱，或者停滞甚至下降，老年人口比例升高，产生社会负担加重、劳动力供给不足的问题，特别是高龄老年人的增加，会出现老年人的照顾、养老和医疗的大量需求，给社会经济发展带来影响。

为了适应社会发展的需求，发达国家将老年人分为低龄老年人（65～74 岁）、中龄老年人（75～84 岁）、高龄老年人（85 岁以上）；又根据身体状况的不同再分为能随意活动者（active elderly）、能适度活动者（moderately active elderly）和不能自主活动者（inactive elderly）①，根据服务对象的情况不同提供不同类型的老年医疗保健设施。

例如，法国为老年人提供的福利设施包括中长期医疗医院、护理院、老年公寓和收容所四种类型。中长期医院为康复医院，收治对象为经治疗后有可能恢复自理能力的老年病人。护理院有较为完善的医疗和生活服务，主要收住丧失自立能力的老年人。老年公寓提供单人间和多人间，提供膳食、淋浴、洗衣、图书、医疗护理等服务。收容所面对生活能够自理的老年人，收费较低，提供居住、膳食和一般的医疗服务，建筑附设于居民区，使入住的老人不脱离社会。同时政府还提供家庭保健服务，为住在家里的病人提供药品、护理和预防服务。

美国针对老年人的护理之家主要收住患有慢性病不能久住医院，而家中又无人照顾的老年人，重点是护理与康复服务。护理之

家大致分为三类：一类是由专业医护人员全天为老年病人提供治疗、监测、生活服务的治疗型护理之家；一类是由护士照顾生活和提供一般性疗养的疗养型护理之家；还有一类是只提供食宿和生活服务的居住型护理之家。除了护理之家外，政府还建有养老院、老年公寓等福利设施。

总的来说，随着老龄化社会的到来，针对老年人的建筑从单纯的治疗发展到疗养，又进一步发展到适合老年人的居住设施。具体可分为下面几个类型：

（1）针对慢性病和不能自主活动者的医疗设施；

（2）针对能适度活动者的康复设施和能随意活动者的疗养、保健型设施；

（3）针对老年人而建造的福利型居住设施。

一、针对老龄化需求的医疗设施

当代医学已经发展到可以治好许多疾病的程度，但是也同样认识到，还有一些疾病在当前条件下是很难根治，或者是不可治愈的，如心脏病、癌症、高血压、阿尔茨海默氏病（Alzheimer's，早老性痴呆）和帕金森氏病等，这些病症可能会伴随一个人很长时间。如果对老年疾病按轻重缓急分类的话，可以分为急重病、亚急性病、慢性病、轻微病等，急重病是综合医院的主要治疗对象；亚急性病可能要在医院住上一个月甚至几个月的时间；慢性病患者可能利用医院的门诊，也有可能需要在老年护理中心这样的设施中住上一两年；轻微病患者主要应当利用门诊和社区医疗等设施。

在医院的功能方面，针对亚急性病患者，英国、美国一些医院在 1970 年代即发展了这样一类概念，即在病房中设计一种称为"自助护理病床"（self-care beds），主要针对需要住院但不需要床边护理及其他病房护理设施的病人，他可以自由走动，自己吃药，自己到医院的餐厅吃饭，自己到功能检查区域做检查等，病人在这

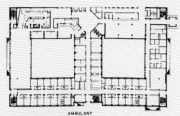

图1 美国赫希医学中心

图2 英国朗伯斯区护理中心阳台外观

图3 英国朗伯斯区护理中心剖面

图4 护理中心的器械室

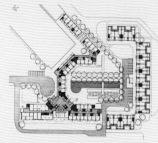

图5 荷兰 De Overloop 老年之家首层平面

图6 荷兰 De Overloop 老年之家单元平面（左：单人间；中：双人间；右：两室一厅）

里生活就像在自己家里一样。这就要求病房的设施与急症病房不同，病房不需要氧气等设施，但是有厨房，有洗衣机、烘干机、熨衣架，有电视、圈椅，有书桌、壁柜等；病房的医辅房间面积较急症病房可以小一些，医护人员数量也少一些。这类病房刚出现时，医院的管理方一开始不太适应，总想把它们当作急症病房来使用。但是这类病房却受到病人的好评，尤其是对于老年病人和一些尚不能马上确诊的病人，这样的设施是最合适的（图1）。

在具体设计中，医院建筑针对老龄化需求应注意的方面有：

（1）针对空间流线标识系统：标识应当用大号的、清晰的字体，并且标牌背后不应有强光或灯光。

（2）用色彩作标识时，减少使用蓝色、绿色等老年人不易分辨的颜色。

（3）室内照度水平应较高并且照度均匀，但同时需要避免眩光。

（4）由于老年人的听敏度下降，当环境声过于嘈杂时会听不清别人说话，因而需要设计吸声墙面等来创造理想的声环境。

（5）座椅应宽敞，并且带扶手，以便于老年人落座。

（6）公共走廊应当设护墙扶手，便于老年人使用。

（7）满足方便残疾人使用的建筑规范的要求，如台阶处应设残疾人坡道，建筑内设残疾人卫生间，门的宽度满足轮椅宽度的要求，门的开启应轻，小的房间里要有足够的空间供轮椅转弯。

（8）走廊变高度或其他的变化之交界处应当改变地材的质感，防止摔倒。

二、老龄化社会的保健护理设施

有些慢性病的老年人可以住在家里，通过看门诊或者是社区保健及家庭保健得到治疗和护理；但是，一些严重的慢性病患者、能适度活动者、不能自主活动者还得在护理中心这样的设施中生活相当长的一段时间。除此之外，临终护理也是老年护理设施的一个重要方面。在 1970 年代以前，人们还不能正视死亡，即使是医生和护士从科学医学的观点看，死亡也意味着医术的失败。在 1975 年以后，英国开始了"临终护理"运动，人们开始正视这个问题，即某些疾病是不可治愈的，希望通过护理工作创造提高生命最后岁月质量的生活环境。这种临终护理机构包括独立的护理中心、附属于大医院的护理中心、医院内相对独立的临终护理单元、混设在医院各护理单元内的临终护理小组及家庭护理计划等。

近年来在发达国家，老年护理设施的设计中也有一些新的发展，其特点表现为，护理单元一般是既有单人间，也有双人间或多人间，有的带卫生间，但一般不带厨房，在一组护理单元的中心位置有护士站，建筑布局类同于医院护理单元，但尽量营造接近于家居风格的环境气氛。

建于 1985 年的英国朗伯斯区护理中心（Lambeth Community Care Centre），其功能包括两个方面：一是为社区老年人提供日常的门诊服务，并提供 35 个病床；二是提供 20 个病床作为长期护理和临终护理使用。建筑的一层有门厅、接待、客厅、餐厅，有理疗室、按摩室、手足病诊室、语言障碍矫正室、职业疗法治疗室，还有牙科诊室等；二层护理单元包括四床间和单床间两种病房，小的淋浴间、卫生间等在走廊对面。在这座建筑设计过程中，建筑师结合社区医疗委员会的意见，创作了一所以病人为中心的医疗中心，建筑在外观上像一所乡间的大宅子，有宽敞的阳台、充足的阳光、宜人的花园，阳台结合栏杆有花盆和座椅，创造了一种安逸祥和的气氛（图2、图3）。

此外，康复功能逐渐成为老年护理设施中的重要组成部分，这些功能包括水疗、健身、按摩等。游泳的作用既是物理治疗，也是社会疗法和放松娱乐。水疗则是通过不同成分、不同温度的水来达到保健的目的。在健身中心里，某些病如骨骼肌肉损伤可以通过拉伸练习来恢复，同时也使病人经常可以在一起活动，而不是独处一室（图4）。有的护理设施中通过放电影来使老年人保持记忆力，

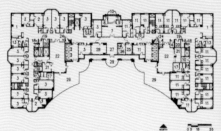

图 7　荷兰 De Overloop 老年之家外观　　图 8　荷兰 De Overloop 老年之家公共走廊　　图 9　美国阿灵顿老年之家平面图　　图 10　美国阿灵顿老年之家外观

或者举办各种活动来促进社会交往，这些就需要一间多功能厅，同时也还有一些房间用来进行按摩、针灸等治疗。在老年护理设施设计中，除了前述的在治疗设施中需要注意的同样方面外，还需注意以下问题：一是在一般的医疗设施设计中，通常将一些功能性的房间如卫生间等放在不那么醒目的位置，但是在老年护理设施里，卫生间一定要在显眼的位置而且有清晰的标识，有些患早老性痴呆或其他疾病的人如果不看见这些房间的话，可能记不得其位置，这不仅带来生活上的不便，还会给老年人的心理造成极大的伤害。

二是设计中要平衡好病人和家属的不同感受和要求。例如家属一般会觉得光洁的地面会显得高级、干净；而对老年人来说，由于视力下降、眩光会感到很难受，所以顶棚最好不要太光滑，地面最好是粗糙材料的，这样摩擦力大些也不至于使人害怕滑倒而不敢活动。

三是与自然环境的有机联系，窗外的美丽景色、健身房外的小花园、室外的散步小径、打太极拳或是沉思冥想的庭院一角等，都能起到使病人稳定心理、促进康复的作用。

三、针对老年人的居住社区

老年受助社区（assisted-living facility）是国外目前发展较快的一种类型，其服务对象包括能随意活动的，或是能适度活动的老年人，他们日常生活中需要别人的照料，但是并没有严重的疾病。老年受助社区建筑不同于一般的居住建筑，是带厨卫的一室一厅的房间，根据需要照料的程度的不同集合成一组护理单元，有专人负责给每户打扫卫生、洗衣服，甚至帮助老人吃饭、穿衣等。老年受助社区的出现主要是比护理中心降低了运行的费用，可以使更多的需要照料但又没有严重到需住进护理中心程度的老年人的需求得到满足。

荷兰著名建筑师赫兹伯格（Herman Hertzberger）设计的 De

Overloop 老年之家包括多类型的混合：既有 21 床的护理单元，又有老年受助住宅，包括单间单元（单人间）、一室一厅单元（双人间供老人夫妇居住），还有可独立生活的老人家庭居住的二室一厅单元住宅（2～3 人居住）等。建筑设计结合现有用地，北侧建筑沿着已有建筑呈之字形布局，与南侧建筑围合成一个内院，建筑采用钢筋混凝土结构，外墙面砖饰面，平窗、凸窗、遮阳、阳台等元素使建筑具有住宅的亲切尺度，De Overloop 老年之家既是现代主义的，同时又和传统取得了协调，居住在这里的老年人对建筑有较高的认同感，把它当作自己的家一样。评论者认为这栋建筑"不仅表现了赫兹伯格设计手法的成熟，而且体现了建筑师在设计中一直追求的人本主义思想"[2]（图 5～图 8）。

美国弗吉尼亚州阿灵顿的老年之家是在城市内高层建筑中的例子，建筑底层类似于旅馆大堂，有各种辅助设施及护理人员更衣、储藏等用房。建筑楼层分为东西两栋，三层东边是护理单元，包括单人间、双人间共 31 床；西侧是 19 间受助住宅单元，两边各有起居室、餐厅以及其他服务设施，中间公用接待室、理疗室等。四层以上是 325 套一室及两室单元式公寓（图 9、图 10）。

中国目前面临快速老龄化的社会发展趋势，一方面老年人口规模庞大，人口老龄化速度快；另一方面人口老龄化超前于经济发展。同时正在出现的家庭核心化和小型化趋势对传统养老模式提出挑战。专门针对老龄化保健护理和居住设施的建设目前基本上还处于空白。在这方面如何参照国外同类设施的成熟做法，结合我们的实际情况进行设计，是摆在建筑师面前的很现实的问题，具体来说，如下几个方面值得研究。

首先是分级分类。参考国外对老年人分类的模式，宜按照年龄，如 75 岁以下、75~85 岁、85 岁以上，分为三种服务对象，并按照活力自主、偶需帮助、需要照护三种情况分为三种级别护理，从而在年龄状态层面形成分级分类。

其次，在城市层面，亦应从区域到社区到建筑，从不同层级研究不同类型老年人的需求。在区域和城市层面应注重疾病的治疗和慢性病的管理，在社区层面重视不同类型老年人使用设施和其他社会服务设施的协同和综合布局，如老年人设施与儿童设施相伴设置，老年设施和青年公寓成组规划等，形成有活力的社区。

最后，在微观层面，重视老年人设施的适老性，在细节、色彩、构造上适应老年人的使用需求。在社会各类建筑的无障碍建设中，重视适老化需求，形成符合老龄化社会的无障碍环境，形成从治疗到居住的适应老龄化社会的体系。

注释
① 熊必俊. 人口老龄化与可持续发展 [M]. 北京：中国大百科全书出版社，2002.

② BUCHANAN P. Old people's home, Almere, Netherlands[J]. Architectural Review, 1985(4).

参考文献
[1] 熊必俊. 人口老龄化与可持续发展 [M]. 北京：中国大百科全书出版社，2002.
[2] 孙常敏. 世纪转变中的全球人口与发展 [M]. 上海：上海社会科学院出版社，1999.
[3] 高而生，吴擢春. 医学人口学 [M]. 上海：复旦大学出版社，2004.
[4] 罗伊·波特，等. 剑桥医学史 [M]. 张大庆，译. 长春：吉林人民出版社，2000.
[5]VERDERBER S, FINE D J. Healthcare architecture in an era of radical transformation[M]. New Haven and London: Yale University Press, 2000.
[6]HARRELL G T. Planning medical center facilities for education, research, and public service[M]. The Pennsylvania State University Press, 1974.

原文发表于《城市建筑》2008 年第 7 期，有改动。

B07 现代主义医疗建筑的空间形态
The Spatial Forms of Modern Healthcare Architecture

传统医疗建筑的空间有这样两种原型：一类是从教堂空间而来的广厅式空间模式（Pavilion Style）；另一类是从府邸民居而来的走廊加套间的空间模式。

由于城市人口的密集造成城市建筑密度的提高，城市用地有限，土地价格越来越高，医疗建筑需要在有限的用地内拥有更大的规模。同时，科学技术的进步，新的发明不断出现，大型诊断检查设备数量日益增多，单个设备体积也不断加大；在治疗上，人们不再把自然疗法作为治病的唯一方法，而是转而通过机械疗法来对待疾病，这样在同一空间内需要容纳比以前多很多的仪器设备和医护人员。另外，电梯、电灯和空调通风等建筑技术的发展，为新的建筑形式的出现提供了技术的保障。所有这些都需要并且决定了现代医疗建筑的空间形态的发展。

现代主义时期的医疗建筑空间形态大致可以从以下几种类型来探讨，即大厅式、塔台式、巨型板块式、枝状空间、内廊式空间的发展和改进等。

一、大厅式空间模式

19 世纪末到 20 世纪初的广厅式医院常常有一个显著的入口，进入后是一个宽敞的大厅，然后由外廊或者是内走廊通往各个楼层的病房，病房是几十床的大房间，外墙上是有韵律的小窗。

现代主义建筑从这种空间模式中找到灵感，设计了更大尺度上的大厅式医院建筑。由埃德华·斯通（Edward Durell Stone）设计的美国加州艾森豪威尔纪念医院（Eisenhower Memorial Hospital）就是一例。

该建筑建成于 1972 年，基地地处沙漠区，面临一个很大的人工湖。建筑首层进来后是一个 3 层高的大厅，围绕大厅设有一些检查治疗用房，有直跑楼梯到达二层，二、三层周边环以回廊，回廊的栏板有装饰线条，和大厅顶上的混凝土网格以及水池、吊灯等一

起形成典雅的气氛。回廊外四周是病房，病房与当时的常规风尚不同，不设置固定的家具，而是像宾馆一样有圈椅、桌子、植物、落地灯、壁柜，墙面有挂画，地面铺地毯，完全是宾馆的陈设。这种病房宾馆化的设计思想十几年后才真正得到建筑师的理解和重视。在建筑外观上，一层顶板出挑形成大的平台，二、三层竖向条窗和窗间墙构成壁柱的形式，加上屋顶水平伸展的带有装饰纹样的挑檐，使建筑既有现代建筑简洁、疏朗的特点，又有古典建筑三段式的精神。整个建筑使人联想到建成于 1971 年的华盛顿肯尼迪表演艺术中心，两者都带有明显的斯通个人的创作风格，是典雅主义风格的代表建筑（图 1 ~ 图 4）。

历史上从古典建筑到现代建筑的过渡时期，很多公共建筑类型都经历了公共大厅空间模式的变化发展过程。比如图书馆建筑在 19 世纪多是一个大厅式的阅览空间，从 19 世纪中的巴黎国家图书馆到 20 世纪初美国国家图书馆到 21 世纪初中国国家图书馆扩建部分，可以看出在图书馆建筑设计中被称为"大厅式"图书馆模式的发展和生命力；另一个更相近的建筑类型是旅馆，共享大厅式的旅馆一直受到人们的欢迎。不过医院建筑有其特殊之处，首先需要避免交叉感染，另外医院需要安静甚于共享空间带来的识别性，因而医院建筑大厅式空间模式不大具有通用性。

二、塔台式空间模式

通过对功能流程需要的研究，将城市街区中的医院建筑底部空间在平面上密集成裙房，在裙房上再往高空发展塔楼，这样就形成了底部裙房加上面高塔的塔台式空间模式。低层裙房里的黑房间靠人工照明和机械通风解决采光通风问题，高层塔楼中靠电梯解决竖向交通的问题。对水平和垂直交通效率的研究表明，水平通道上护士推车行走和乘电梯到达另一楼层所耗时间差异不大。这样，在用地有限的城市地段，塔台模式医院建筑就靠水平方向集中和垂直方

图1　美国加州艾森豪威尔医院外观

图3　美国加州艾森豪威尔医院细部

图4　美国加州艾森豪威尔医院室内
大厅

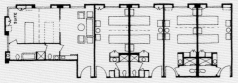

图2　美国加州艾森豪威尔医院局部平面图

向发展的办法求得规模效益。

　　柏林大学教学医院共1416床，3层裙房是门诊医技部分，裙房沿外侧基本不开窗，朝内院部分是带形窗以采光通风。裙房上部病房楼共5层，有四组核心筒作垂直交通，中间两座楼连在一起，功能包括病房和诊断治疗科室，两边两栋楼是病房楼，它们之间用桥联系在一起。建筑在周围传统民居环境中整体尺度巨大，外窗平面为锯齿形，高度从楼板到地面，可以俯瞰周围的小住宅。

　　瑞士巴塞尔教学医院建筑沿街道布置，后部围合成安静的花园空间。建筑采用平台式裙房上加塔楼的形式，在裙房部分又挖了多个方院，低层建筑基本上呈现中走廊式布局，这样每个房间都有较好的自然光线引入。高层部分后置，在流线上比较合理，同时也远离街道的噪声，较好地将各种功能布局要求综合在一起（图5）。

　　这种空间布局方式有很多优点，裙房沿着周边的城市街道可以分设不同的出入口，裙房每层面积很大，人流量大的部门出入方便，功能流线也好处理，黑房间靠人工照明解决或者是在中间挖内院、天井。上部塔楼主要靠电梯交通，病房楼或为板式或为塔式，房间都有外窗和较好的视野。这种布局既较好地解决了不同人群的流量分布的问题，同时又可实现尽可能多的建筑面积，最大限度地利用了城市土地资源。我国大城市中的大型医院一般采用这种空间组织原则（图6）。

三、巨型板块式空间模式

　　现代主义在风格上喜欢表达简洁、巨大、力度等感受，由于城市用地和医疗技术的要求以及建筑技术的发展，医院建筑出现了可以称为巨型板块式的空间模式。

　　纽约市贝尔维医院（Bellevue Hospital）的院长认为，水平方向各部门之间的联系越紧密越好，而竖向人流和物流也最好尽量集中在一起，这样比多栋建筑多个竖向交通的效率要高。因而在该医院1964年的改建中，将原有的小尺度的八栋广厅式医院楼拆除，在此基地上建设了一栋25层共2000床的综合大楼。贝尔维医院是世界上最早采用渐进护理（Progressive Patient Care，PPC）制度的医院之一。所谓渐进护理，就是根据病人的病情轻重和对护理的依赖程度进行分级，病情由重到轻一共分为五级，将医生和护士组成护理小组，针对不同的病人、不同的护理阶段加以护理。[1] 在渐进护理的原则下，贝尔维医院将诊断和治疗用房与不同护理级别的病房放在同一楼层内，病人除了介入式治疗如手术或放疗外，其他检查和治疗都在本层解决，这样做免去了病人在不同楼栋和不同楼层之间的往返奔波之苦。该建筑每层面积6000多平方米，两个方向分别为10个和11个柱跨，共有8部病梯、10部客梯，沿外墙四个方向为病房，中间部分面积占总面积60%，都是黑房间，靠人工通风和照明。当时的理念是病人需要外窗，而设备仪器用房的洁净必须靠人工环境才能做到，医护人员在没有外界干扰的环境下效率可能更高（图7、图8）。

　　贝尔维医院巨大的体量，理想的功能模式，新的结构、电气、空调通风技术的运用等，完全体现了1960年代现代医疗建筑是"治疗疾病的机器"的理念，具有鲜明的时代特征。当然在实际使用中，密闭空间增加了医护人员的心理压力，建筑完全人工化的环境能耗很大；建筑物尺度巨大，虽然在外窗设计上作了一些细部处理，但是形象上还是显得很单调，因而遭到不少人的批评。

　　经历了1970年代的能源危机后，人们认识到自然资源的有限性、可枯竭性，能源供需矛盾要求人们改变观念，注意合理利用和节约能源。建筑设计中也开始反思完全人工化环境的代价。1980年建成的美国瓦特里德军队医疗中心是在巨型板块空间模式上的修正。建筑同样是一个巨大的正方形体块，共7层，下部为门诊区，上部为病房区，中间是手术用房，由五组交通核承担竖向联系的功能。首层用房包括挂号、急诊、牙科、放射科等，二层为供应、管理办公以及病理检验等，三层为餐饮设施，四层为手术等科室，五

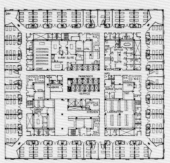

图 5　瑞士巴塞尔大学教学医院模型　　　图 6　北京同仁医院总平面图　　　　　　　图 7　美国纽约市贝尔维医院平面图　　　图 8　美国纽约市贝尔维医院
　　　　　　　　　　　　　　　　　　　　　图片来源：《现代医院建筑设计》

层以上中间核心区是各科室用房，外围是双走廊的病房区。与贝尔维医院不同的是病房和科室之间通过廊道联系，中间被廊道分成八个院子，较好地解决了采光通风问题。

瓦特里德军队医疗中心建筑每边为七个柱跨，构成四面对称的格局，一层到四层的外墙墙体后退，形成类似于萨伏伊别墅底层架空的效果，上部各层则向外出挑并且设有带形混凝土遮阳板，遮阳板有面的构成变化，形成清晰的光影效果。建筑各层着重梳理各个空间之间的交通联系路线，各层平面从图纸上看就像一块块计算机主板，充分表现了建筑机械美学的思想（图 9、图 10）。

四、枝状空间模式

一片树叶的脉络，人体的经络分布，大地上涓涓细流汇集为无数支流再汇成大河……自然界的现象无不体现了复杂内容的有序编码，正是通过这种多层梯级的脉络，才将事物联系成一个有序的整体。

平面化的枝状空间模式与立体化的塔台式空间布局正好相反，着重解决平面内的复杂联系。传统广厅式医院空间层次比较简单，一条线性的廊道作为主线，串联起各个小楼。现代医院由于医疗技术的发展，设备仪器越来越多，这样简单的水平空间层次很难短距离地容纳复杂的功能。在此基础上，通过多方向、多层次的走廊，形成"筋"与"脉"的枝状空间，每一个枝端都是一个开放端，以便于今后的扩展。这种空间模式我们称之为枝状空间模式。

美国圣文森特医院即是一例。建筑是结合三角形平面和枝状交通线的结果，建筑左半部分是诊疗空间，右半部分是病房单元，建筑中有三条主脉空间，一条串通诊疗区，一条串通病房区，一条位于两个区之间，垂直于主脉空间的支干走廊，指向一些空间节点。这些节点把三条主脉之间的支干连接到一起，或者再发散到第三层次的走廊，两区之间的主脉走廊与病房区之间有两个内院，一方面

解决了大平面的采光通风问题，另一方面也使这条走廊和诊疗区的主干走廊能够容易地被人们区分开来。病房区的主干走廊性质不同，这样三条空间都具有了识别性。建筑中的节点放大成厅式空间，也是增加空间识别性的方法。

这些脉络沿着建筑外墙的端点都是开放的，这样既有外窗可以采光并增强方向感，又提供了今后扩建的联结点（图 11）。

日本千叶县肿瘤中心建筑在空间组织中，沿着中心的一条主脉，与之垂直地伸出若干条支脉，开放端便于今后的扩建发展。和上述的两个例子相比，其空间脉络规整而清晰，每栋建筑之间辟出院落空间满足通风采光要求，是枝状空间形态较好的范例（图 12）。

随着对医疗建筑功能内涵的认识的扩大，线性空间的主干及支脉的功能内涵和空间层次被细分，逐渐发展成为医疗街（Medical Mall）的空间概念。美国加州凯撒基金会医学中心的空间组织就具有这样的特点。一条 L 形的主街上，中间是八角形的主入口，门诊和住院分别在 L 形主干的两端，主干空间上共分出五条支脉，经过院子通往不同的功能区，包括门诊、医技、餐饮、物品供应以及病房等，每个区域内支脉上又有更小的支脉，在脉络空间的交汇处是竖向交通空间。不同交通空间的宽度不同，周围景观不同，从而形成识别性（图 13）。

五、内廊式空间的发展

决定住院部平面布局的关键因素就是护士站到病房的距离，即希望以尽可能短的护理距离来提高护理效率。由府邸民居发展而来的单走廊空间模式由来已久，这样的建筑结构比较简单，房间能够满足自然采光和通风。现代建筑中延续并发展了这种线性空间模式，包括单廊式、双廊式，以及增加内天井、弧形平面、单复廊的改进模式等。

1951 年开始设计，到 1965 年建成的英国玛格利特公主医院

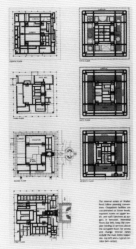

图10 美国瓦特里德军队医疗中心
图片来源:《Healthcare Architecture in an Era of Radical Transformation》

图11 美国圣文森特医院二层平面图
图片来源:《Healthcare Architecture in an Era of Radical Transformation》

图12 日本千叶县肿瘤中心总平面图
图片来源:《现代医院建筑设计》

图9 美国瓦特里德军队医疗中心平面图
图片来源:《Healthcare Architecture in an Era of Radical Transformation》

病房楼是典型的现代主义单廊式医院建筑,受到柯布西耶的"光辉城市"思想的影响。建筑用一栋长的体块横亘在门诊楼的端头,医院共388床,每层80床,分成2个护理单元,每个护理单元中设2个护士站,单元中间是公共活动厅及治疗、备餐、物梯等,医办、护办、治疗室,位于建筑的正中。虽然建筑是一个长条形,但由于每个护士站仅负责20床,而每间病房有6床、4床和单床不等,因而护士站到周边病房的距离还是非常近的(图14、图15)。

在形式上,玛格利特公主医院着力强调结构的真实性,外墙面上除了混凝土剪力墙端和楼板外,就是从顶到地面的窗。在建筑端头的疏散楼梯外,是一个开敞阳台,这种开敞阳台的概念一方面来自现代主义中空中花园的思想,柯布西耶设计的马赛公寓是这一概念最典型的代表作;另一方面,它也来自于传统医疗中日光浴做法的影响。在发现细菌致病理论之前,人们把疾病归结为"瘴气",尤其是肺结核等不可治愈的病症。按照苏珊·桑塔格的记述,"从19世纪开始,结核病患者成了一个出走者,一个没完没了地寻找那些有益于健康的地方的流浪者。结核病成了自我流放和过一种旅行生活的新理由"。有利于结核病康复的地方从意大利到地中海上,或是南太平洋上的岛屿,目标就是接受阳光的照射。[2]

由于医疗技术的发展,医辅用房的需求越来越大,楼梯、电梯附近的空间难以满足空间的需求,同时,空调和新风技术的发展,使黑房间的利用成为可能,这样双走廊的空间模式应运而生。双走廊模式于1950年代始于美国,两条走廊之间的空间包括交通核、护士站、清洁物品库房和污物间、设备间、医护办公室、治疗室、会议室等。双走廊使得从护士站到病房的距离较单走廊为近,减少了护士行走的距离,从而相对增加了护士照料病人的时间(图16)。到目前为止,双走廊模式及其变形仍是最为常用的设计布局方法。也有专家指出,双走廊模式在缩短护理距离的同时,增加一条走廊造成建筑有效面积系数降低。根据某典型平面测算,单走廊护理行程为双走廊的1.24倍,而双走廊长度较单走廊增加了65%。[1]

在双走廊基础上的改进包括缩短建筑长度、加大建筑宽度的探索,弧形平面的探索,以及近来为了改善医辅用房的条件而在中心区增加内天井或者形成所谓单复廊的改进模式等。

为了改变矩形平面呆板的体量,建筑师试图通过病房的调整使建筑变厚变短,立面也得以丰富变化。美国玛丽救助医院是一个250床的医院,建筑共10层,首层为急诊、检验、治疗手术以及办公用房,还有一个小教堂;二层为餐厅。病房层每层56床作为一个护理单元,通过外侧病房旋转45°,从而缩短了走廊的长度,而且使每个床位获得不同的视野。护士站在建筑的中部,建筑西侧某些楼层还设置了大病房。45°的房间使建筑摆脱了方盒子的形象,梁格形成的凹进丰富了建筑的立面(图17)。

六、缩短护理路线的研究

现代医疗建筑面对的问题之一就是如何使建筑中的流线更有效,这样可以减少医生和护理人员花在走路上的时间,从而提高医疗和护理的效率。双走廊的模式虽有所改进,但条形平面总的来说造成医生和护士行走距离较长,物品和设备的往返距离也较长。另外,两边病房里的人出来活动时,长走廊里人流熙熙攘攘,增加了不必要的噪声等,这一切促使人们研究改进的方法。改进的方法包括发散形空间模式、三角形空间模式、圆形空间模式等。

发散形空间模式将空间分为两个层次,交通空间和医辅用房作为核心空间,从这里再发散出若干子核,围绕子核构成下一层次的空间。例如美国斯科特与怀特纪念医院,病房楼共315床,分5层,中心是客梯、病梯、治疗室等支持空间,三条走廊分别发散到三个护士站,病房环绕护士站形成三个圆,一个大圆容纳30床,两个小圆分别容纳16床,由于病房成扇形,将卫生间设在靠外墙一侧,这样,每个护士站到病房的距离非常近,病房门直接对着圆形的护士站。院方设想这样会"使每个病人得到最直接的照料",预计病

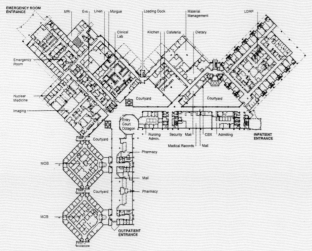

图 13　美国加州凯撒基金会医学中心平面图
图片来源：《Hospital and Healthcare Facility Design》

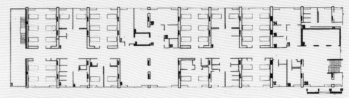

图 14　英国玛格利特公主医院平面图
图片来源：《Healthcare Architecture in an Era of Radical Transformation》

图 15　英国玛格利特公主医院外观
图片来源：《Healthcare Architecture in an Era of Radical Transformation》

人应当非常乐于住进这样的病房，但是用后评估报告表明的情况与预计的相反 [3]，护士为了观察病人，经常把门开着，这样病人没有一点私密性，房间内的病床摆放也是面朝着护士站，床头靠外窗方向，病人看不到窗外的景色，增加了病人的孤独感（图 18）。

美国毕劳特纪念医院建筑平面呈雪花形，核心区为护士站及辅助用房，为了缩短内部运送物品的距离，从中心伸出一翼与中心区设立了一套平面的缆车物品运输系统，翼端为设备间和库房、缆车清洗等用房，但实际运行中，这套系统从来就没有正常运转过；从中心辐射出另外五翼为病房，每翼 10 间病房，端头是疏散楼梯间。据分析，这样的布局使医护人数由一般的每百床 211 人减少到 166 人 [3]（图 19）。

三角形空间模式缩短了护理距离，核心区的面积也更紧凑，在同样房间数量的情况下外墙面积有所减小，有利于节能。按每层 20 间病房测算，矩形平面每边要 10 间病房，三角形平面每边 6~7 间房间就可以排下了。核心区除了护士站外，还包括医辅用房，如果平面尺寸合适，还可以放下 1 间活动室。三角形平面常见的为正三角形（图 20）和直角等边三角形两种。三角形平面从建筑专业角度来分析几乎没有什么缺点，但在建成后使用者普遍表示不够理想。原因大概在于这种非正交的平面往往会使身处其中的人们缺乏方向感。如果这种平面用于博物馆、展览馆等大型公共空间还是合适的，人们可以获得与常规空间不同的新奇感受，但对于病人来说，这种非常规的空间感受会加剧人的心理不适。

圆形空间模式与三角形有相似之处，同样可以缩短护理距离并且使护士站到各病房之间的距离相等。例如美国哥伦布市立医院是考虑较好的圆形平面。建筑每层 40 床，均为单床间，病房呈三层同心圆开凹槽，使每床都有一个较窄的外窗，交通和医辅用房伸出在两端（图 21）。不过圆形的平面有较大的局限性，圆的半径过小，房间成扇形不好用，而且房间数量受影响；圆的半径过大，则中心区域面积大而无用，会造成使用系数的降低。

七、总结

所有这些方法的目标是从治疗角度考虑，尽可能使功能更合理、更紧凑。其思想根源来自于中世纪医院这种模式开始出现时就有的思想，即用最少的医护人员来照顾好尽可能多的病人，这种工业时代的医疗模式和功能主义的方法体现出社会发展的必然性。医院是一个把医生集中在一起、把医疗仪器设备集中在一起而形成的一个有效率的空间。这在工业时代是非常适用的，因为零散分布的医生单凭个人的见解水平和有限的设备辅助，与大医院里的条件相比，差距是明显的。

在我国，医疗资源总体上的不足造成医院建筑发展缓慢，在空间模式上比较单一，还需要因地制宜地运用上述设计理念和方法。同时，由于当代信息社会的发展，集中的大型诊疗设备可以把信息快捷方便地传到每一个医生那里，医疗费用、管理、医生的诊断结果等又可以很方便地从各处汇集在处理中枢，这就需要我们结合建筑空间布局的理念，根据信息时代的要求进行优化发展，创造出适合不同地域特征的新的医疗空间。具体包括：

研究水平空间布局的主次联系。由于我国人口的规模和就医习惯，门诊量巨大，而且多集中在上午就诊，所以在大规模医院中，如何处理好水平空间的联系成为当前设计中的重要因素。较成熟的方法是采用枝状空间的布局方式，尤其要注意水平廊道的主次联系，在尺度、高度、材料、色彩、标识等层面，形成清晰的空间逻辑。

研究垂直空间的叠加与联系。随着医院床位数的增加，建设高层医院成为不二之选。据国外相关研究，病房楼层数在 13 层左右是效率最高的，这也与每层有几个病区、是否可以形成互相支援相关。如何保证效率值得进一步研究。

建筑总体规模问题。空间形态的多种可能，归根结底是与建筑总体规模相关的。建筑规模较小的医院，空间明晰简单，更注重丰富多样的变化；建筑规模大的医院往往需要采用综合系统的空间组

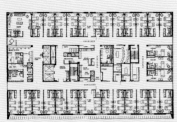

图 16　双走廊护理单元平面图
图片来源：《Healthcare Architecture in an Era of Radical Transformation》

图 17　美国玛丽救助医院护理单元平面图
图片来源：《Healthcare Architecture in an Era of Radical Transformation》

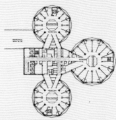

图 18　美国斯科特与怀特纪念医院护理单元平面图
图片来源：《Healthcare Architecture in an Era of Radical Transformation》

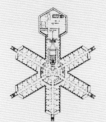

图 19　美国毕劳特纪念医院护理单元平面图
图片来源：《Healthcare Architecture in an Era of Radical Transformation》

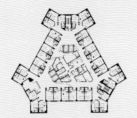

图 20　美国菲尔维园区医院护理单元平面图
图片来源：《Hospital and Healthcare Facility Design》

图 21　美国哥伦布市立医院护理单元平面图
图片来源：《现代医院建筑设计》

织方式，同时应在细节上注重简洁明了，以使建筑可高效使用。近年来，国外多提倡"多中心一站式服务"的理念，将一个大体量医院建筑变为多中心的建筑群，从而使建筑的空间组合有新的形态，亦值得关注。

参考文献
[1] 罗运湖 . 现代医院建筑设计 [M]. 北京：中国建筑工业出版社，2002.
[2] 苏珊·桑塔格 . 疾病的隐喻 [M]. 程巍，译 . 上海：上海译文出版社，2003.
[3]VERDERBER S,FINE D J. Healthcare architecture in an era of radical transformation[M]. New Haven and London: Yale University Press, 2000.
[4] 陈慧华，萧正辉 . 医院建筑与设备设计 [M]. 北京：中国建筑工业出版社，2004.
[5] 曹荣桂，于冬 . 医院管理学：医院建筑分册 [M]. 北京：人民卫生出版社，2011.
[6] 谷口汎邦 . 医疗设施 [M]. 任子明，庞云霞，译 . 北京：中国建筑工业出版社，2004.
[7] MILLER R L , SWENSSON E S. Hospital and healthcare facility design[M]. New York and London：W. W. Norton & Company Ltd.，2002.
[8] GAINSBOROUGH H，GAINSBOROUGH J. Principles of hospital design[M]. London: The Architectural Press, 1964.
[9]HARRELL G T. Planning medical center facilities for education, research, and public service[M]. The Pennsylvania State University Press, 1974.

原文发表于《建筑师》2006 年第 5 期，有改动。

B08 巴黎游学随感
On My Life in Paris

缘起

法国总统奖学金项目"150 个建筑师在法国"是中法文化交流活动的一个重要里程碑事件,我也很荣幸地成为其中的一员。之前清华大学建筑学院和清华大学建筑设计研究院陆陆续续地有人参加这个活动,我因为忙于设计项目,一直没有下定决心。直到 2004 年报名,经过一个考试,被录取参加短期班访学,到了巴黎后才知道这是最后一批了。现在想起来还是挺幸运的。

学习

到达法国后,法方专门安排了一周的集中参观调研,印象很深的是去大巴黎规划院调研,接待方给我们讲如何协调大巴黎都市区的城市发展,包括大到巴黎市区和周边城市的规划建设、城市新区的路网规划和空间密度规划,中到街区地块的城市设计、道路的尺度控制和界面控制,小到街道的灯光色彩、人行道宽度和做法与历史城区保持一致性等,令我们眼界大开。随后我们参观了巴黎房地产公司 SAMAPA 主导开发的靠近法国国家图书馆的若干个街区的建设,由鲍赞巴克进行总体规划,多个建筑师参与设计,街道界面和老巴黎有很好的延续性,街区空间又有新意,和我们当时的大拆大建形成鲜明对比。现在想来,巴黎的强调延续、审慎建设的经验一直值得我们借鉴学习。

在巴黎期间,我主要在法国建筑科学中心(CSTB)参加绿色建筑的研究工作,工作内容较为轻松。业余时间游历了大半个欧洲,我和中国建筑设计研究院的崔海东建筑师共同设定和完成了"柯布西耶专项""包豪斯专项""库哈斯专项"等建筑旅行,一路走一路讨论。后来又在巴黎沿着凯旋门、埃菲尔铁塔、圣心教堂等地标行走,感受城市的意象。秋冬晴雨,我们拿着速写本,带着相机,在巴黎的街巷留下了我们的足迹,让街边的咖啡馆承载了我们的记忆。

诗意

巴黎的新建筑设计和街区更新,用"理性"与"诗意"来定义是很贴切的。设计有非常理性的一面,从街道宽度到建筑高度、层数等有严格的规定,不得逾越,同时每个建筑又有微妙的不同,这种理性和诗意的设计观可以具体为四组词:一是群体的设计更重视诗意的一面,强调街区和群体,重视文脉;二是内敛的设计,形式不作惊世骇俗之举,提倡协调的创新;三是细腻的设计,在细节、材料、光影上作文章,形成丰富的细节;四是放松的设计,没有孜孜以求的拘谨。在这样的设计观和设计方法的影响下,整个城市给人的第一印象是高度统一的,但在街边坐下来细细品味时又各有不同,显现出一致性下的丰富性。

画画

关于巴黎还有一个特别值得记忆的事,就是钢笔速写。刚到巴黎第二天,我们去了拉丁区的圣叙尔比斯教堂(Eglise St-Sulpice),当时它因为是电影《达·芬奇密码》的拍摄场景之一而知名度大增。在教堂附近的咖啡厅,我拾起画笔画了到巴黎后的第一幅钢笔画,自此而一发不可收拾,旅行期间画了一整本的钢笔速写。也因此起点,回国后,在建筑师诗书画群的画友的相互促进下,我画了几百幅钢笔画,最近结集出版。可以说,巴黎游学是钢笔画册的起缘。

在巴黎的学习和在欧洲的旅行对我个人的影响是巨大的,尤其是对于当年我们这些有一定工作经验,又存有工作困惑,像海绵一样亟待水分的年轻人来说,是恰到好处的机会。不知不觉十多年过去了,但当年学习的场景仍历历在目,巴黎的红酒、咖啡、游历、思考一直影响着我的工作和生活。

原文收录在《法国建筑在上海》一书中,有改动。

A06 山东农业大学科技创新大厦

Laboratory for Scientific and Technological Innovation, Shandong
Agricultural University

A06　山东农业大学科技创新大厦

项目地点：山东，泰安
建筑面积：33268m²
设计时间：2012–2013
竣工时间：2015

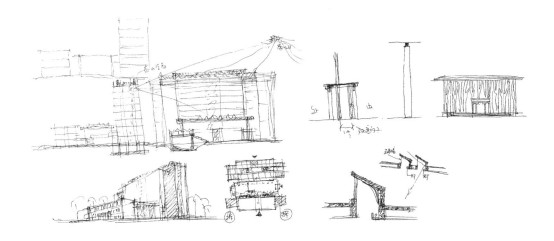

山东农业大学位于山东泰安，初为国家农业部所属之数所重要大学之一，后划属山东省，在苹果、小麦育种等领域颇有建树。当科技创新大厦设计之时，大学乃由留美普渡大学归来之农业博士温孚江执校长之职。温校长着意建设一座可与欧美先进实验室相媲美的、达到国际水平的实验室，纳入国家重点实验室，以吸引人才，振兴学科。

大学校园位于泰安市中心，泰山脚下。校园始建于1950年代，后又合并东侧之水利专科学校，整体校园呈东西向长条形。南校门进校后有一个东西向的树林草坪，林木葱郁，枝繁叶茂，四时不同，给人以校园之宁静感。草坪北为1号楼、4号楼，均为20世纪中建设之民族形式的多层建筑，凝聚了校友的记忆。校园其他建筑资金有限，质量平平。新建科技创新大厦所选用地位于4号楼北侧，东西长100m，南北宽55m，北达校园围墙，用地狭小。且因泰山风貌保护之故，建筑限高30m。这是一个在局限用地上进行最大建设量的设计项目。

设计着重于两个方面的因素：一为国际水平之实验室建设，包括实验空间的通用性与专用性的考虑，开间、进深空间模数，辅助空间的设置及其与实验空间的联系方式，研讨空间的重要性，生长室、培育室的设置等；二是校园空间格局的继承与拓展，构成校园文化特色的高质量环境。

在总体布局上，因建筑处于校园之正中轴线之上，最得当的方法就是取中正平和之势。于是在用地靠北设一个长100m、进深38m的矩形体块，以作为科研实验空间。在其与4号楼之间设置一个高敞的大厅，将新旧建筑联系起来，这样，从南侧校门进校后，可感受到新建筑与老建筑成为一体，减少两者的割裂感。经过对普渡大学、芝加哥大学香槟分校等多个学校农业实验室的研究，特别是对国外近年所建实验室的调研，实验室部分决定采用双走廊的空间模式。两条走廊之间供交通、辅助用房和公共仪器间等使用，南北两侧均为实验室空间。美国新改建之实验室为进深10m、长数十米之通长空间，教授团队有课题时租用若干试验台，经费用完即归还。国内目前实验室还是相对独立的房间，长期供一个教授团队使用。在本设计中仍将实验室毗邻布置，此做法使得实验室可以连成一线，便于将来隔墙的拆除或调整，同时亦有利于通风设备管线成区布置。

实验室空间采用8.4m作为基本模数，既考虑标准Bench式实验的模数需求，也考虑首层电镜等通用空间和地下生长室的使用需求，同时因建筑限高要求，建筑层高取3.9m，柱网间距亦不能过大，综合上述因素以求得一个最佳平衡。

教授办公空间亦有多种布局可能，有的实验室是将 PI 办公室布置在其团队实验室附近或者嵌入实验室空间内，其优势在于可以更好地与学生互动，有较高的工作效率；也有将 PI 办公室相对集中，单独成区，便于与教授相互交流，也有利于通风管道的布置，节约投资。近年来，大学越来越重视学科交叉，教授亦重视非正式交流，而非"躲进小楼成一统"，故本设计将 PI 办公室、学生自习室在建筑两端成组布置，之间设置开放式茶饮区。茶饮区外为落地玻璃窗，室内墙面自一层至顶层，色彩由褐色、土黄转变为青蓝，夜间灯火通明之时，引起自土地而至天空的联想。

建筑的外墙材料，竞赛之时拟定为浅暖色石材。在设计主体施工临近完成时，经现场推敲，决定改为居中实验室部分用白色石材、两端办公室部分用黑色石材的做法，目的是使建筑成为校园现有建成环境之背景。学校基建处多方比较选择了产自黑龙江的黑冰花和产自山东的莱州白麻，并对每一块都精挑细选，使色差最小，形成沉稳、冷静的建筑性格。

该建筑与 4 号楼之间的科研大厅的设计目标是将一个建筑之间的消极空间变成一个积极的核心空间。4 号楼在建校之初作为图书馆使用，后另择地建设了图书馆，该建筑改为实验室。经过与学校商议，将来条件具备时，拟将 4 号楼恢复为大空间格局，功能为学校校史馆暨农业博物馆，陈列学校在农业领域的科研成果。自 4 号楼正中门厅可以进入科研大厅，形成登堂入室的空间序列，彰显国家重点实验室的重要性。

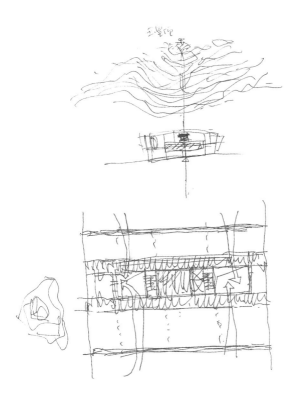

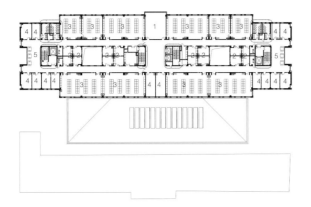

三层平面图

1 会议室（学术交流室）
2 仪器室
3 实验室
4 研究室
5 交流区

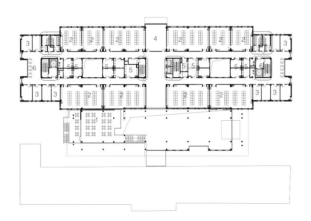

二层平面图

1 休闲交流区
2 实验室
3 研究室
4 会议室（学术交流室）
5 仪器室
6 交流区

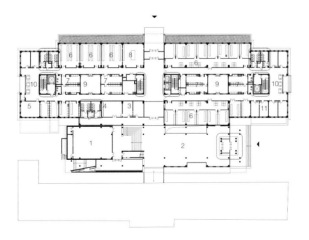

首层平面图

1 多功能厅
2 共享大厅
3 办公室
4 休息（小型会议）
5 消防监控
6 实验室（各类）
7 实验准备室
8 大型离心机室
9 内院
10 交流区
11 研究室

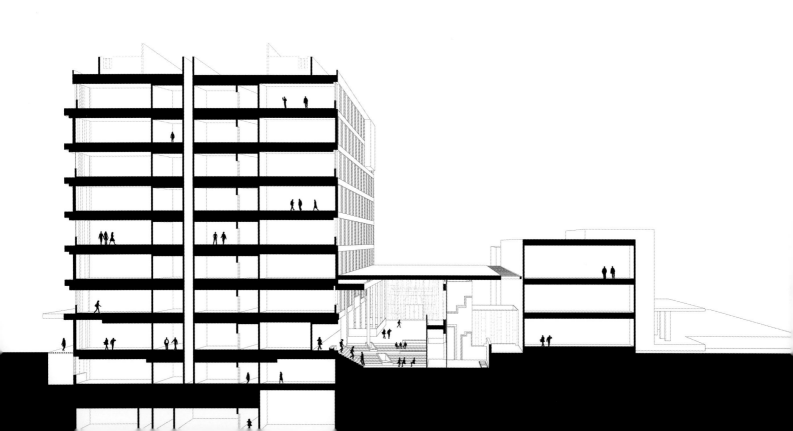

科研大厅采用钢结构形式，以使得柱子纤细，空间高敞，这在一个相对拥挤的校园内是不可多得的空间体验。在设计中，建筑师有意识地在西侧做了一个下沉半层的报告厅，也可以从西侧室外进入，便于学校统筹使用。报告厅门前下沉区域设计了一个台阶式室内小剧场，报告厅济济一堂之时可以作为实况转播之用。大厅上半层台阶至报告厅顶为咖啡厅，可俯瞰大厅，体会屋顶天光所形成的光影轮转；还可以于西侧室外平台上观落日品茗，成为学校内颇具特色之休闲场所。

高层实验室北侧居中设置研讨室，其北向为落地大窗，窗外即为泰山主峰，南天门玉皇顶咫尺可见，正应了"泰山学者"之胸怀。在这里做实验、开研讨会的莘莘学子，毕业多年后回想起在校的时光时，"窗外观山"必定是印象深刻的一幕吧。

B09 大学科研建筑的平台集成模式研究

A Research on the Platform Mode of University Research Laboratories

跨学科交叉研究是当代科学技术发展的重要路径之一，不同学科之间跨越范式，通过相互的交叉、渗透、融合，形成了新的学科和新的科研突破点。近年来，大量前沿科学成果也是基于跨学科融合交叉的研究与发现。根据《中国科学报》统计，自1901年到2008年间诺贝尔自然科学类奖项中，交叉研究成果达到185项，占比为52%，尤其是1950年代以来，多数获奖均为学科交叉研究的成果。[1] 近年来，国内大学面对跨学科领域教学与研究的迫切需求，为促进新兴学科发展和复合型人才培养，提出了建设多学科实验平台的任务，通过打破院系壁垒，将相关学科的一些实验项目进行合理配置，优化和整合全校科研资源，实现实验空间的共享，激发学科间的交流、交往及研究的创新能力。

一、科研平台建筑设计动向

1. 科研平台的工艺设计要求

随着当代科学技术的不断进步与发展，容纳一些实验项目的操作空间将面临日益复杂化和精密化的工艺设计需要。根据实验对象的不同，在实验室房间的模数尺寸、结构荷载、通风、洁净、照明、温度等方面，应满足相应的特殊工艺条件，这些因素将会影响建筑的空间布局、结构措施、机电设备等方面的设计。例如，PCR实验室作为研究包括新型冠状病毒、HIV等各类病毒的专业实验室，根据不同的防护级别，可以划分为P1～P4等不同等级的实验室，在洁净/污染区域划分、不同人员流线、空气洁净度（百级、千级、万级）等方面，均有严格的标准和要求，对于包含这一类实验室的科研建筑，满足工艺要求将成为设计成立的必要条件。

2. 科研平台空间的标准化、灵活性

大学科研平台需要面向多样化的使用情境。首先，为了适应不同学科研究及实验工艺的要求，空间布局应体现标准化、通用化等

特点，根据实验室布局模数，设计合理的柱网、层高，以及机电方案。同时，考虑到学科的发展、教学任务的调整、实验设备的更新等，空间应具有一定的适应性和灵活性，可以根据使用需求的变化进行方便的调整。以生物化学类实验平台为例，通风柜是常用的实验设备，为保障实验的准确性、安全性，避免不同实验室之间废气交叉污染而影响实验结果，每个实验室的通风柜需设置独立的送排风系统，通过竖直排风井道直通建筑屋面进行废气的排放。合理设置通风井道，既能满足工艺要求，也能适应实验室空间布局要求，实现空间布局的标准化与灵活性。

3. 科研平台空间城市化、复合化倾向

大众教育时代的大学不仅是培养专业人员、传道授业与知识学习的教学机构，也是师生们共同生活的社区，是学生进行正常的社会交往，塑造正确的人生观、价值观的场所。因此，当代的大学校园规划与建设，基于师生活动行为的研究，更加关注面向跨学科、平台化、非正式交流等开放式教学需要，从校城融合到复合社区营造，构筑活力校园。科研平台作为大学教学研究的重要空间之一，同样需要适应这一发展趋势，通过非正式空间营造、多功能用房设置，探讨空间复合化使用，鼓励多样化的交往与学习机会，着眼于学生的全面培养，同时也提高空间资源的有效利用率。

山东农业大学是一所以农业科学见长的多科性大学，其老校区位于泰山南麓的泰安市中心。为加强农业生物学科发展，培养复合型创新人才，学校拟建科技创新大厦（科创楼），以国家重点实验室为核心，建设校级公共科研平台，并满足学校开展学术交流活动的需求（图1）。

二、服务空间与被服务空间

1. 实验空间与用房的分类

大学实验建筑的功能主要包括教学、科研、产学研结合，以及

图1 校园中轴线鸟瞰图

图2 实验室空间模式

■ 实验用房　□ 研究用房　□ 支持用房　□ 走道

模式一　模式二　模式三
模式四　模式五　模式六

1- 实验用房　2- 支持用房　3- 研究用房

图3 标准层平面

学术交流、交往等，其组成由三种类型用房构成，即实验用房、研究用房、支持用房。实验用房为师生及科研人员进行各类实验操作的空间。研究用房为进行研讨、会议、办公、报告写作等的空间。支持用房指的是建筑运行所需的辅助用房，包括垂直交通、设备间、卫生间等，以及实验保障空间，包括仪器室、气瓶间、药品室、准备室等。根据不同的使用模式需求，三类用房可以有多种组合形式（图2）。

服务空间与被服务空间（servant versus served）是路易斯·康重要的设计思想之一。[2] 为了追求建筑的秩序性和纯粹性，交通、机电及次要功能等辅助空间与主体功能空间两者相对独立设置。在理查德森医学研究楼设计中，路易斯·康将设备间、垂直交通、排风井道、进风井道等支持用房作为独立于主体之外的结构系统，并以高耸的竖塔形态呈现；在竖塔之间是三个无柱的大空间，即定义为被服务空间的实验室和公共活动空间，由此在使用中获得了最大的自由度和纯粹性。同时，建筑形式上也完全体现了内部功能与空间的差异性，建筑由内而外获得了逻辑上的统一性。

2. 实验空间布局模式

山东农业大学科技创新大厦主要功能包括公共实验平台、国家重点实验室、植物生长室等专业实验室、研究室及学术报告厅等。标准层平面采用了"双走廊"模式，中跨为服务空间，南北两边跨为被服务空间。服务空间功能包括实验支持用房，如仪器室、准备室、纯水间等，以及垂直交通核、设备间等辅助用房，同时在中部设置两处天井，使得中跨的多数房间及两条长走廊都能够获得自然通风采光。两侧的被服务空间功能为各类实验室及研究室，中间部分进深较大的房间为实验空间，两侧为研究室、办公室、报告写作室等，实验室可以方便地获得服务空间的支持。满足实验通风要求的竖直排风井道是生物化学类实验室的必配设施，设计将管道井的位置集中在靠走廊一侧，结合柱子进行布置，保证了实验室空间的

完整性。空间使用可分可合，具有一定的弹性，能够根据实验使用的需求进行房间的灵活划分。同时，完整的大空间在面对团队变化、课题更新或实验室等级变化等情况时，也可以更加灵活地进行调整，如空间的合并或分割，以满足科研实验平台使用的动态变化和不同的实验情境，实现空间使用的通用性（图3）。

三、共享空间与功能空间

1. 多层级共享空间

大学科研平台空间和功能的复合化倾向，其核心理念是面向学生的全面发展，以及创新型人才培养的目标。[3] 校园不仅是师生学习、工作、读书的地方，也是他们生活、交际的场所，鼓励校园内拥有更多的公共空间和公共生活，形成自发性、多样性的活动，强调日常行为的不确定性和可交换性，会在任何人、任何地点、任何时间发生，营造全时段活动的学术社区。

科技创新大厦项目用地位于校园南北轴线最北端，南侧为4号楼，北侧临城市道路文化路。用地主要规划指标为南北长55m，东西长100m，泰山文保区建筑限高30m，学校需求建设约30000m²实验室。综合以上设计条件，考虑城市规划退线、消防环路等硬性要求，强排的结果是新建建筑距离南侧4号楼仅有20m左右，场地非常局促。因此设计在新老建筑之间的空地中置入一个共享体量，将两者整合为一体，并作为科技创新大厦日常的入口大厅与公共中心（图4）。

更重要的是，这一设计为学校提供了一处重要的公共活动发生的场所。现场调研时发现，由于校舍是在几十年内陆续建成的，校园面临着与国内很多老校园类似的问题，部分设施建设标准不高，师生们普遍反映缺乏公共活动空间，尤其缺少举行学术交流、教学成果展览、日常交流交往等活动的室内场所。新设计的共享大厅回应了这一问题，有机整合了校园的历史与未来：校园自南向北形成

图 4 作为中介的公共大厅

图 5 科技创新大厦位于校园主轴线北端

图 6 公共大厅

图 7 报告厅入口

图 8 引泰山山景入室内的会议室

图 9 标准层端部的茶歇空间

了主楼广场—神农广场—共享大厅这一公共空间序列（图5），作为礼仪性活动及日常公共活动的主要发生场所。

大厅室内沐浴在锯齿形三角天窗洒下的阳光中，通过开放空间、错层平台、大台阶、采光井、绿植、街道家具，形成连续化、复合化、城市化的空间体验，并通过西侧的下沉庭院、南侧与4号楼之间的天井等，形成室内外空间的相互渗透与对话，活化了原本可能出现的建筑外部"剩余"的消极空间。这样一个整体连续、边界模糊、层次多样的空间，为师生们在学习、研究之余，提供了一处多情境可能性的场所，可供交流讨论或休闲放松，甚至来一场偶遇的思维碰撞风暴，多样的人群和多种的活动，共同营造了一个充满活力的公共空间（图6、图7）。

在标准层实验空间部分，公共、共享、交流同样是设计的核心，每层均设有正对泰山主峰的公共会议室（图8）；在建筑两端设有公共沙龙空间，可供休憩、茶歇、小组讨论等（图9）。

2. 功能空间模数尺度

科技创新大厦作为校级实验平台，需要兼顾教学与科研的使用，并充分考虑学校未来发展中，对学科规划与团队建设等方面进行调整的需求。在实验室布局上，地下一层到地上二层设置公用实验平台，主要配置较大型实验设施；三层到八层为国家重点实验室和各专业实验室；地下二层设有人工气候室、植物生长室等。建筑标准层平面柱网开间为8400mm，符合生物、化学类实验室的基本模数要求。设计适当加大了实验台间距，以满足作为大学实验室，日常教学讨论使用的空间尺度需求。实验室面宽主要有1开间、2开间两类（图10），也可以根据使用需求的变化进行调整。

实验室竖向通风井靠内走廊一侧设置，结构设计加大了柱在进深方向上的尺寸，并采用双梁布置，这样可以利用两道梁之间的空间作为通风井道使用。同时，为了最大限度地保证使用空间的灵活性，同层的管线尽量通过水平走线集中到两处设备间，再通过竖向管井或管道竖向穿越楼板，从而避免了过多的竖向管井影响空间灵活布局的问题。

四、行为与体验

1. 空间与行为

诺伯格-舒尔茨说过，"我们很少只谈及空间"。通过人与环境的互动，某些空间将能够区别于周围的环境，以具有特定的情境和价值。GANS用潜在环境与生成环境的概念来解释空间与行为活动的关系。其中，潜在环境提供各种活动发生的可能性，生成环境是由人们在其中的活动所创造的，也就是说，设计只是建造了潜在环境，空间的使用者才是真实环境的创造者。[4] 扬·盖尔在《交往与空间》一书中，将公共空间中的行为活动分为三类：必要性活动、自发性活动、社会性活动。[5] 其中，必要性活动指的是教学、工作、居住、就餐、购物等必须进行的活动；自发性活动指的是娱乐、闲逛、看风景等发生在条件允许、环境适宜的情况下的自主活动；社会性活动指的是交往、偶遇、聊天等依赖于人际交往的活动。因为必要性活动具有一定的目的性，所以受空间环境影响较小；后两类活动则具有偶发性，受环境因素影响较大。在实际生活情境中，三类活动往往是同时或融合发生的。面向学科交叉的实验平台建筑，其目的就在于提供一个平台和机会，促进不同学科师生之间的交流互动、协同合作，以推动学科的创新发展。因此，不仅需要提供满足实验研究等确定性活动发生的空间，也需要关注适宜交往、交流等不确定性活动发生的空间。多样性活动的发生不仅会激发空间的活力，在这个过程中也会激发参与者的思维火花，甚至产生创新成果的萌芽。

科技创新大厦的公共大厅，正是通过在室内营造出一种多层次的空间，并引入广场、台地、街道等城市性的空间要素，营造出能够激发自发性与社会性活动的空间环境，强调各种必要性、自发性、社会性活动的融合交织，形成复合而连续的体验。设计师围绕大厅

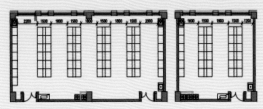

图 10　实验室平面

图 13　建筑与校园

图 11　大厅一侧的公共实验平台

图 12　报告厅、咖啡厅与连接四号楼的通道

图 14　主入口门廊与主楼

图 15　北侧沿城市道路的形象

组织了报告厅、会议室、咖啡厅、展厅等各类功能空间，并可以通过玻璃连廊通向位于 4 号楼的校史馆。大厅则成为学术交流、公共活动发生的场所，从而将日常生活引入空间中，通过多样的、相关的各种活动的共同作用，营造一处有活力的校园公共空间，也成为校级交流活动的重要公共平台（图 11、图 12）。

2. 集体记忆的场所

场所具有多重性、动态性和开放性。场所中的人、行为及预计发生的事件是复杂的，通过特定的空间形态进行表达，赋予空间特殊意义，唤起集体记忆，建立对整体环境的归属感和认同感。山东农业大学校园自南向北通过"校门—1 号楼—4 号楼"建立空间骨架，所形成的空间体验和建筑形象已经成为全体山农人的集体记忆。科技创新大厦位于南北主轴的北端，以公共大厅整合新老校园空间，完善了校园南北轴线的空间序列，也连接了城市环境与校园环境（图 13）。公共大厅的入口门廊在细部处理上，借鉴了 1 号楼所具有的民族特色装饰风格，以此来传承了校园文脉和场所的记忆（图 14）。同时，设计师利用建筑与泰山的对景关系，在北向立面处理上，以大片玻璃面向山体，引山景入室内，使建筑与城市、自然相融合（图 15）。

五、小结

以山东农业大学科技创新大厦设计为例，本文探讨了大学科研建筑平台设计的要点，面对当代科技发展趋势及人才培养模式的变革，需要通过理性的功能规划、多层次的公共空间布局、文脉传承的场所营造，实现高科技与高情感的结合，营造适应交叉学科发展、复合人才培养的大学科研用房和校园活动场所。

参考文献
[1] 胡珉琦. 120 岁的诺奖越来越青睐"跨界"[N]. 中国科学报，2021–10–08.
[2] 钟曼琳，李兴钢. 结构与形式的融合——路易斯·康的服务与被服务空间演变 [J]. 建筑技艺，2013（3）：24–27.
[3] 王彦. 日常生活维度：英国 1960 年代"新大学"校园规划研究 [D]. 北京：清华大学，2018.
[4]MATTHEW C，等. 公共场所——城市空间：城市设计的维度 [M]. 冯江，等译. 南京：江苏科学技术出版社，2005.
[5] 盖尔. 交往与空间 [M]. 何人可，译. 北京：中国建筑工业出版社，2002.

图片来源图 1、图 4、图 6、图 7、图 9、图 11 ~图 15：存在建筑拍摄；图 2、图 10：池思雨绘制；图 3、图 5：作者绘制；图 8：唐忠华拍摄

作者：刘玉龙，王彦
原文发表于《当代建筑》2022 年第 1 期，有改动。

B10 "人工性"及其表现：生物医药类实验室建筑设计实践及相关建筑学思考

Artificiality and Its Expression: Architectural Design of Biological and Medical Laboratories and Relevant Architectural Thoughts

引言

作为一个建筑类型，以生物医药类实验室为典型代表的实验室建筑的核心特点是什么？这种特点为该类型建筑的设计带来了哪些挑战和机会？这些挑战和机会应如何回应、解决和表现？而对上述问题的回答，又能对一般意义上的建筑学产生哪些超越建筑类型的启发？这些问题，是本文希望通过对历史的回顾、对设计的总结和对建筑学基本问题的思考讨论初步回答的。

一、历史简述：实验室建筑的原型、类型特点及其发展

1. 实验室

"实验室"的拉丁文 Laboratorium 一词出现于中世纪，起初意为"工作任务"，于 15 世纪中叶首次用于指涉修道院中的"工坊"，而至 16 世纪方始获得其现代语义，即"一切以工具仪器对自然现象进行探索活动的场所"。随着人类科学研究活动的发展，实验室在当代包含了更为广泛的功能与类型。[1]

2. 早期实验室建筑

16 世纪丹麦天文学家第谷·布拉赫（Tycho Brahe）的乌拉尼堡（Uraniborg）研究中心是有详细记载的早期实验室之一，这座状如城堡的建筑分为 3 层：顶层为观象台，容纳天文观测仪器；中层为数学实验室，设有放置地图、进行计算用的桌面；半地下的底层为化学实验室。这种空间划分模式反映了布拉赫宏观与微观世界相互联系、彼此同构而人居于中心的基本思想——如其所言，"吾观上而见下，观下而见上（By looking up, I see downwards; by looking down, I see upward）"。而同时代德国炼金术士兼早期化学家安德烈亚斯·利巴维乌斯（Andreas Libavius）的化学之家实验室，则内设备间、助手室、结晶室、水浴沙浴室和燃料室，

供精确使用的仪器有序摆放其间，是文艺复兴以后近代科学体系诞生、学科细分发展背景下，实验室建筑发端的代表。[1, 2]

3. 作为科学知识生产场所的实验室建筑

至 17 世纪末，实验室已成为一种通过具体实操发现自然规律以帮助改造世界的新科学的发生地，以培根（Francis Bacon）和波义耳（Robert Boyle）为代表的科学家认为，人应挑战并征服自然，以致真理和实用，而后者不仅在自己的实验室中进行化学和物理实验，而且建立起一套以其他学者为受众演示实验过程并发表实验结果的做法，旨在使早期科学通过透明有效的传播交流实现"哲学化"（philosophizing），亦即现代科学化。相应地，此时期关于实验室建筑空间的图像经常将书籍与仪器并置其中，以象征手工实验操作和书面分析记录活动，这标志了实验室建筑作为同时容纳手工与智力劳动的科学知识生产场所的职能与角色。[1]

4. 通风罩和有组织的空间：实验室建筑原型

由于其与生化类分析合成活动的天然紧密联系，实验室建筑作为物质生产场所的属性始终占据主导地位。1771 年出版的《不列颠百科全书》（Encyclopaedia Britannica）即将实验室建筑描述为"化学家的工作坊"（the chemist's work-house）及药剂师和烟火技师工作的地方。而同时代另一部百科全书《百科全书，即科学、艺术、技艺详解辞典》（Encyclopédie, ou Dictionnaire Raisonné des Sciences, des Arts et des Métiers, Planches, Neuchatel, 1765）中的插图则首次描绘了一个以科学原则组织的实验室建筑空间，并且为传统实验室空间图像增添了前所未见的新要素：一个巨大的通风罩统摄全室，而研究者们各居其位，组织分工井然有序。物的因素与人的因素共同构成了实验室建筑的原型。[1]

图1 第谷·布拉赫的乌拉尼堡研究中心[1]

图2 安德烈亚斯·利巴维乌斯（Andreas Libavius）的化学之家实验室[2]

图3 17世纪典型的实验室建筑空间图像

图4 百科全书中的化学实验室插图[1]

图6 麻省理工学院的辐射实验室[4]

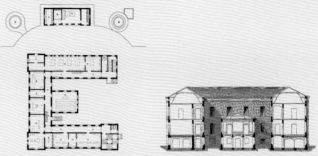

图5 莱比锡生理学研究所实验室首层平面图及剖面图[3]

5. 实验室建筑类型特点的成熟完善

进入19世纪，高等教育与科学研究的联系日益紧密，伴随大学从单纯的知识集散地向科学技术研究场所的转变，以及私人独立实验室体系的建立与传播，实验室建筑类型得到进一步丰富、成熟和完善，并贡献于化学、物理学、生物学和药理学等学科的发展。这一时期实验室建筑的图像，一方面既作为知名科学家人物肖像的背景出现，另一方面也开始以独立自治、高度物化的建筑图纸和照相等形式见诸各类文献杂志。

1960年代以后，区别于一直以来兼容多种学科实验要求的单一高大空间传统模式，规模更大、功能更复杂的新型实验室建筑开始在德国出现。例如，生理学家卡尔·路德维希（Carl Ludwig）位于莱比锡的生理学研究所实验室，平面呈马蹄形，其中设有进行活体解剖、生物物理和生物化学实验的工作空间和一个图书室，以及供光谱、显微镜等操作使用的支持辅助房间，而居于该实验室建筑中心的是一个可容纳约150人的报告厅。一系列专为不同用途而特别设计的房间彼此区隔划分又按照实验操作工艺流程需要组合联系，且注重科学知识的交流共享，是该实验室建筑显著突出的新特征。[3]

6. 实验室建筑发展趋势

20世纪至今，实验室建筑一方面经历了其空间与设备在复杂性和先进程度上的不断迭代升级以及产业及军事等用途的大型科学装置的诞生，另一方面也见证了自身作为一种类型建筑在人性化和建筑艺术方面的全面回归。

美国麻省理工学院（MIT）于1940年代建设的辐射实验室（the Radiation Laboratory）系承载二战雷达工程的核心实验室，建筑虽作为战时临时研究设施设计，其弹性灵活的空间组织、轻量的结构体系和低造价的建筑材料却使其日后长期持续的适应性改造翻新成为可能，并因此一直使用到20世纪90年代末才最终拆除，过

程中形成了颇具活力、动态变化的科研实验空间。[4]而建筑师路易斯·康（Louis Kahn）设计的宾夕法尼亚大学理查德医学研究中心（Richard Medical Research Laboratories）和萨尔克生物研究所（Salk Institute for Biological Studies）两座实验室建筑，一纵一横，分别以垂直和水平的方式诠释了其"服侍与被服侍空间"的理念——无论是前者巨大的通风竖井还是后者几乎占据完整层高的设备夹层，都在有效优化实验室标准空间单元设备系统的同时，体现了建筑师整合建筑结构和设备管线、使其作为建筑艺术不可分割的一部分得到充分表现并有机融入建筑整体的雄心。[5]

同一时期，三座均建成于1966年且出自知名建筑师之手的实验室，Eero Saarinen设计的贝尔实验室霍尔姆德尔基地（Bell Laboratories Holmdel Complex）、贝聿铭设计的美国国家大气研究中心（Mesa Laboratory for the National Center for Atmospheric Research），以及Marcel Breuer设计的布鲁克海文国家实验室化学楼（Chemistry Building for Brookhaven National Laboratory），虽然规模不同且设计理念各异，但都是有代表性的现代实验室建筑案例。[6]

对历史回顾不难发现，通过建筑空间和设备仪器实现科研实验活动所需的人工物理环境，是实验室建筑类型特点固有的重要核心，而伴随数字时代和信息社会的飞速发展，应当今科学研究活动的新特征，实验室建筑正经历新一轮更新，呈现出一系列新的发展趋势，例如从片面强调功效到注重人性化设计、从仅满足单一学科要求到以通用灵活空间实现多学科功能弹性复合、从封闭独立到开放共享等。[7]这里，人性、开放性和灵活性是其中的关键词，具体来说，即强调人与外界自然环境的接触以及人与人的交流，并以功能上足够的弹性实现对不断发展变化的科研活动的灵活性适应。

7. 类型之外：实验室建筑类型的广泛意义

实验室建筑并不仅仅被动反映科研活动和人类社会发展，而

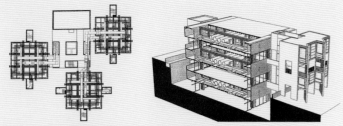

图7　宾夕法尼亚大学理查德医学研究中心综合平面图和萨尔克生物研究所剖透视图 [5]

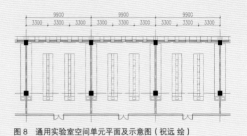

图8　通用实验室空间单元平面及示意图（祝远 绘）

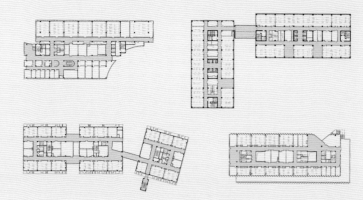

图9　"三明治式"的双走道空间模式平面图（祝远 绘）

是对后者起着并不限于科学本身的积极主动作用——容易被忽视的一点是，在科学知识生产之外，如任何建筑类型一样，实验室建筑同时作为对人有教育作用的场所，帮助塑造科学家和研究者，而在此意义上，相较于历来受到关注的实验室建筑与科学的关系，其与人的关系得到深刻反思。事实上，大学乃至人类社会整体，都曾被比喻为一座"实验室"，而大学师生和全人类的全部活动在此语境下被视为一种认识世界、改造世界的"实验"（"a laboratory where everyone is busy, and where enthusiasm in study is the predominant characteristic"，约翰霍普金斯大学创立者言，1883 年；"a great laboratory, in which human society is busy experimenting"，Daniel C. Gilman）。这样一种"实验社会"的视角，是实验室作为有形物质空间对我们世界观深刻影响的体现。

二、设计实践：生物医药类实验室建筑类型特点的达成和表现

上述实验室建筑类型的特点，对于建筑设计而言，既是挑战，也是机会，不仅需要满足达成，而且值得主动表现。下面是我们在生物医药类实验室建筑设计实践中总结出的一系列有代表性的做法，旨在基于实验室建筑类型特点，通过相应方向的建筑学努力，使实验室建筑在良好应对自身挑战、解决自身问题的同时更进一步，将类型特点转化为建筑形式与空间上的创造力与表现力，以其给人的直观感受与独特体验，实现自身在建筑学意义上不可替代的价值。

1. 模数（Modular），或弹性化的功能

在一系列项目中，我们统一以 3.3m 作为实验室空间单元的基本模数尺寸，并采用 9.9m 的柱网开间，旨在获得对实验台、通风橱等实验室硬件设备及实验人员活动尺寸最为适宜的容纳空间。以此为基础，在建筑的进深方向，一种"三明治式"的双走道空间模

式得到应用，建筑平面被划分为居于中间的支持辅助空间单元和居于两侧的实验及办公空间单元，其中支持辅助空间单元还可根据需要开设天井以满足内区房间自然通风采光的需要。这样的尺寸模数和布局模式，便于建筑空间的灵活变动、划分和组合，从而能够实现实验室空间的弹性化，以使其作为基础设施，满足不同类别的实验功能需要，并适应不断随时间发展变化的科研活动要求。

以上述尺寸模数和布局模式构成的建筑标准层，便于在竖直方向根据需要进行变换组合。例如，在北京大学医学部医学科研实验楼、重庆医科大学袁家岗校区科技楼等高层实验室建筑项目中，建筑底部布置公共实验平台，中部布置各类实验室，较高楼层布置药学实验室，以使竖向通风管道距离缩短且减少占用楼层面积，而建筑顶部布置动物实验室，以减少人员穿越并利于通风。

2. 工间咖啡（Coffee Break），或非正式交流的空间

学术交流对科研活动的重要性不言而喻，其在建筑空间上的体现，如前文所述，可以追溯至卡尔·路德维希位于莱比锡的生理学研究所实验室报告厅，甚或更早。我们继承并发展了这一原型，在一系列实验室建筑设计中于建筑底部设置作为公共功能配套的学术报告厅，满足正式学术交流研讨活动的需要。经验表明，科学家的灵感实际又经常得益于实验室外、咖啡机旁同行间轻松的闲谈。因此，实验室建筑不仅需要报告厅，也需要促进研究人员进行放松的、非正式交流的空间。

在重庆医科大学袁家岗校区科技楼项目中，我们在经典的"三明治式"双走道空间模式基础上，增大建筑进深，将双走道局部扩展为三走道，并插入由通透的讨论间、开敞的公共楼梯和宜人的咖啡休息区组成的交流空间模块单元。而类似地，青海大学医学院教学实验综合楼建筑四层一系列平面形状各异的讨论间，作为建筑室外休息活动平台和室内实验空间之间的衔接过渡，为研究人员提供了富于活力、鼓励交流的活动场所与空间氛围，也构成了建筑空间

图10 设置于实验室建筑底部公共部分的学术报告厅空间（祝远 绘）

图13 青海大学医学院教学实验综合楼方案效果图（祝远 绘）

图15 青海大学校内学生经过现状树林自生活区去往教学区场景（祝远 摄）

图11 重庆医科大学袁家岗校区科技楼方案效果图（祝远 绘）

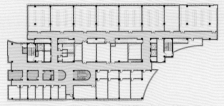
图12 重庆医科大学袁家岗校区科技楼交流空间（祝远 绘）

图14 青海大学医学院教学实验综合楼交流空间（祝远 绘）

和立面活跃而丰富的表情。

3. 散步道（Promenade），或公共开放的流线

在促进人与人面对面交流之外，保证科研人员与实验室建筑外部自然环境的接触交流同样重要，是对其身心健康的人性化关怀。青海大学医学院教学实验综合楼项目中，基于对项目用地环境的鲜明印象，呼应青藏高原日光强烈的宏观气候特点和校园内现状山丘树林间学生身着实验服寻径穿行的独特动人画面，一条以室外台阶和休息平台构成的室外流线在建筑外表盘旋而上，在满足实验室遮阳需要的同时，力求对校园空间和其中师生行为活动的美好特质进行再现和发扬。

类似地，一个沟通室外地坪、首层屋顶平台和建筑上部各层的开放空间系统也出现在青海大学医学院公共卫生健康研究与临床技能实训基地项目的设计中，一体化集成了人与人、人与自然的交流空间。这种"散步道"式的公共流线，使科研人员能够便捷地到达室外空间进行休憩放松，同时也使在校师生甚至社会公众在不干扰日常科研教学的前提下，有机会亲近甚至穿越实验室建筑，从而增进建筑内外的相互了解，促进人与人、人与自然之间交流的达成。由此，一种开放性通过控制之下的人的活动被引入原本封闭内向的建筑，而实验室作为科学探索和知识生产的场所，也进一步获得了与自身类型最相吻合的气质与性格——充满活力、富于变化、鼓励创造。

4. 剖碎（Poché），或有深度的立面

实验室建筑，特别是生物医药类实验室建筑，理应有专属自身类型的空间模式、形式语言和建筑表达。以数量众多的通风橱为前端，通过设备风道和土建管井进行严格而有效的通风排风，是生物医药类实验室的重中之重，其有效实现是实验室环境得以成立并正常运行的基本前提。以往这类风道管井经常是以沉默消隐、不为人

知的角色姿态出现，这一方面会导致在平面上占据大量室内空间，另一方面也造成实验室建筑外观缺少自身类型特点，与任何其他类型的建筑无异，丧失了其在建筑表现力和可识别性方面得天独厚的机会。

在青海大学公共卫生健康研究与临床技能实训基地项目中，我们将通风竖井外置，使之与建筑立面有机结合，并以自身体量自然形成对窗洞口的外遮阳，在解决实验室人工通风排风和实现防眩光的实验操作光环境的同时，获得富于理性而活泼的节奏韵律感并充分体现实验室建筑自身性格特点的立面形象。这可以看作是对康的理查德医学研究中心巨大竖筒风道体量的发展变化，以及对其遭到长久诟病的角窗眩光问题的解决方法的尝试。

这样的尝试实际从更早的大连理工大学化工学院化工实验楼项目设计即已开始，而在青海项目中得到了更为充分自由的有意表现。通过上述操作，实验室建筑的立面获得了类似于古典建筑"剖碎"的虚实关系，立面从一线气候边界化为有深度和功用的空间。

三、理论思考："人工性"作为一种建筑学理论框架和实践导则

概而言之，实验室建筑的核心特征是一种"人工性"，其中既包括人工物理环境的控制、营造和表现，也包括对人实体交流活动的促进、强调与表达，这是由实验室建筑自身功能特点所天然决定的，而生物医药类实验室作为其中功能要求和工艺流程最为复杂的类型尤其如此。因此不难理解，路易斯·康富于理性的空间诗意其实最初成名于一座实验室建筑，而又在另一座实验室建筑中臻于顶峰——建筑师或者建筑，都需要建筑类型为其所提供的用武之地。而建筑的这种"人工性"，虽然有更多机会由实验室建筑集中体现和揭示出来，实际却并不仅仅局限于特定建筑类型，而是可以推广到一般意义的建筑，因而对建筑学的贡献也绝不仅仅囿于某种功能

118

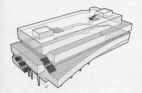

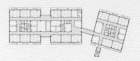
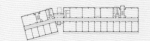

图16 青海大学医学院教学实验综合楼效果图及室外活动公共空间示意图（祝远 绘）

图18 青海大学医学院公共卫生健康研究与临床技能实训基地方案效果图（祝远 绘）

图19 青海大学医学院公共卫生健康研究与临床技能实训基地四层平面图（祝远 绘）

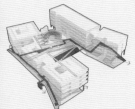

图17 青海大学医学院公共卫生健康研究与临床技能实训基地效果图及室外活动公共空间示意图（祝远 绘）

类型之内。

实验室是人与科学之间的媒介——人通过实验室的建筑空间和设备仪器对物质世界进行探索与发现，在其中形成对物质世界的认识，即科学知识，并获得改造世界的有效方法，即科学技术。与这组关系相对应的，是一般意义的建筑居于人与物质世界之间的位置与角色——人通过建筑，包括其作为名词和动词的意义，与物质世界发生关系，而建筑作为人造物，同时带有人和物的因素和属性，但又不完全属于二者的任何一方，也正是因为这种"人工性"而获得其不可替代的独立价值。

建筑学者Antoine Picon曾提出建筑的"物质性"这一概念，认为建筑以物质为材料建造但又与单纯物质的简单集合有着根本不同，体现了人通过对物质的组织进行一种语言化、生命化表达的愿望。[8]本文认为这里的重点在于人作为主体以自身方式对物质的组织及通过这种组织所进行的表达，其具体方式包括材料、结构、比例尺度和装饰等，而其中体现的化无序为有序的理性和视非生命如生命的人文主义，正是建筑的一种介于人与物之间的"人工性"——材料是对物质的人力加工利用，结构是使材料以构件形式各司其职的人为分工组织，比例尺度是建立各部分构件之间，以及建筑与人体之间关系的人因形式操作，而装饰则是赋予建筑细腻处理与生动表情的人文工艺表达。一切建筑的本质与目的，均可以看作人对物质世界自然环境的重塑，亦即人工环境化，以及由此带来的对人身心体验与精神感受的有意识影响与关怀。

以"人工性"视角反观世界建筑历史不难发现，一方面，因其与狭义的"物"的界限区别，建筑不是对自然山水或生物的简单拟态模仿，也不仅仅是对基本物理问题的片面满足解决，而是"文以载道"，轻声低语出自身的秩序结构和精神诉求；而另一方面，又因其与狭义的"人"的界限区别，建筑又不是一门叙事性的语言或再现性的艺术，体现出自身"欲言又止"的抽象特征和直觉魅力——人工在人物之间，亦人亦物，而以人为主。

由此，与前两组关系相对应，建筑学或者广义的设计学，就成为定位于人文与科学之间的独立学科，而非二者所谓艺术与技术简单加法关系的结合，从而与建筑一道获得了自身的独立价值，并可以由此发展出自身的方法论，其关键是建筑及建筑学在人与物、理想与现实之间汇聚融合了人因与物因的中心位置，这或可作为一切建筑学思考与实践的理论框架、检验标准和行为导则。

换言之，之于建筑，类同自然界的复杂性、丰富度和信息量恐怕并不是最重要的，比打通"人"与"物"边界更有意义的是真正找到二者的边界，而将经过人主观简化抽象的体形和空间还原为看似丰富的自然状态，或许是与探索发现并进一步创造建筑自身价值的目的背道而驰的。几何与完形的出现，作为人理性和智识的光辉成果，显然并非源于建筑工程技术上的无能，而在当今有此能力之时保持清醒、不为其所累，已成要务。"直线属于人类"一语应被反思，不能仅被视作力有不逮的消极结果或成为代庖上帝的粗浅动因，其启示远深刻于此——珍视人工的状态，能而不逞，止于至善。

正如实验室建筑所集中体现和揭示出来的那样，建筑成为经人消化处理过的自然，以及一种广义的"格物"过程，而这种格物，以对"人工性"独立价值的清晰认识，在人与物分界的地带小心进行，既是研究，也是创造。由此观之，无论是中国传统建筑曲线优美的坡屋顶举折，还是路易斯·康上拱下梁的窗洞口上沿，都可以视为发乎基本物理需要而以"人工性"的表现为旨归的"格物"佳例，在一个大体系内得到新的理解并启发新的创造。

格物致知，以究天人之际。

四、结语

本文认为，以生物医药类实验室为典型代表的实验室建筑类型，其核心特点是一种"人工性"。这种"人工性"介于"人"与"物"

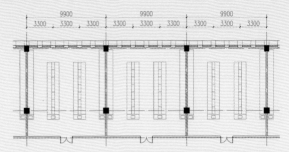

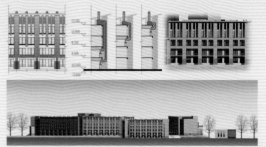

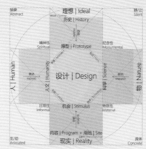

图20 青海大学医学院公共卫生健康研究与临床技能实训基地平面图局部放大图（祝远 绘）　图21 大连理工大学化工学院化工实验楼方案立面图及通风竖井示意图　图22 建筑学的学科与价值定位图示（祝远 绘）

两端之间，从"人"与"物"两个方面体现出来——偏"物"的方面，是人工物理环境的控制、营造和表现；偏"人"的方面，则是对人实体交流活动的促进、强调与表达。基于其类型特点，实验室建筑面临在采光、遮阳、通风乃至公共交流功能的实现上较为严格复杂要求的挑战，同时也恰因此而获得了自身形式语言和空间创造的独特机会，具体的设计策略包括适宜的空间模数与开间尺寸的应用、正式与非正式交流空间的设置、建筑内外开放性和公共性的营造以及建筑物理过程及相应设备设施的建筑化表达等。更为重要的是，由实验室这一类型建筑所集中体现和揭示出来的"人工性"及其表现问题，其意义是超越建筑类型的，甚或可以作为一切建筑学思考与实践的理论框架、检验标准和行为导则，明确建筑作为设计学科的自身定位与独立价值，为以基本建筑学问题为对象的研究与实践带来启发。

参考文献

[1]SCHMIDGEN H. History of the Beginnings of the Laboratory in the Early Modern World [EB/OL]. [2018-02-10]. https://brewminate.com/history-of-the-beginnings-of-the-laboratory-in-the-early-modern-world/.

[2]HANNAWAY O. Laboratory Design and the Aim of Science: Andreas Libavius versus Tycho Brahe[J]. Isis, 1986. 77(4), 585–610.

[3]WURTZ A. Les Hautes Études Pratiques dans les Universités Allemandes[M]. Hachette Livre-BnF, 2018.

[4]Milestones: MIT Radiation Laboratory, 1940-1945 [EB/OL]. [2017-04-12]. https://ethw.org/Milestones:MIT_Radiation_Laboratory,_1940-1945.

[5]LESLIE T. Louis I. Kahn: Building Art, Building Science[M]. New York: George Braziller, Inc., 2005.

[6]LESLIE S W. Laboratory architecture: Building for an uncertain future[J]. Physics Today, 2010, 63 (4): 40.

[7]崔彤，王一钧 . 当代科研建筑发展趋势展望 [J]. 当代建筑，2022 (1): 16-20.

[8]PICON A. The Materiality of Architecture[M]. University of Minnesota Press, 2021.

作者：祝远，刘玉龙
原文发表于《世界建筑》2023年2月，有改动。

A07 河南中医药大学图书馆

Main Library of Henan University of Chinese Medicine

A07 河南中医药大学图书馆

项目地点：河南，郑州
楼层面积：30400m²
设计时间：2012–2013
竣工时间：2015

本项目力图通过建筑设计的途径，寻求河南中医药大学图书馆所需具备的中国传统文化内涵的当代表现。

高层建筑的主体部分采用简洁、有力的方形体量，应对校园主轴线、大广场及700m超长尺度的弧形主教学楼等严苛的规划条件，通过形态与尺度的对比，彰显出图书馆在整个校园中的学术中心地位。与此同时，结合建筑底层的学术报告厅、中医药博物馆、校史馆等功能空间的设置，在基座部分以灵活多变的体量组合柔化了主体建筑滨临湖面的界面，营造出尺度宜人的亲水游憩场所。以350座学术报告厅为例，设计将其布置在两面滨水的位置，利用剖面设计在其顶部设置了朝向湖面的室外露天剧场，使它成为师生喜爱的、具有明确场所感的校园空间。

该项目的建筑设计以抽象的方式表达了中国传统文化的要素，主要体现在室内外空间体验的营造和建筑立面视觉语言的处理两个层面。

在空间体验营造方面包括塑造首层空间的水平流动性与高层公共空间的立体流动性。建筑首层公共空间密切结合周边自然景观，借鉴中国园林的空间布局手法，在平面维度上营造出层次丰富、室内外空间相互融合、富有传统园林意境的空间体验。而在高层部分的公共空间组织中，通过强化各组成空间（一至二层的北向门厅、二至四层的西向滨水服务大厅、二至七层向上发展的采光中厅）的方向性，建立层级，在三维方向上塑造出具有流动感的空间体验，与首层空间的水平流动性形成对话。

建筑主体部分的立面处理借鉴了中国传统门窗格心图案，通过图书馆建筑常见的水平和竖直遮阳板系统的构图表现，形成富有中国文化特征、整体感强烈的建筑表现，与弧形教学主楼形成对比，和而不同、相得益彰。无论看似多么明确、清晰和极简，这座图书馆都几乎是一个模糊各种边界的实验。

中国人"天人合一"的传统观念，一直从四合院建筑中房屋与庭院间由窗纸和窗棂组成的界面得见一斑。该项目受其启发，以玻璃幕墙和外遮阳格栅组成围护结构，从而赋予其标志性的立方体形象以一种多孔、半透的调性。

虽然在立面上体现得最为明显、最具象征性，但建筑上这种通过"涂擦"获得柔性边界的做法远不限于仅仅勾勒一个软化的建筑轮廓，它将自己从浅表延向内核，在那里创造流动的公共空间——水平方向自由的地面层，将建筑室内和外部景观融为一体；垂直方向共享的中庭，将建筑上部各层结合贯通，注入充足日光，使图书馆化为一个三维立体、柔和晕染的泛化空间。在内部与外部、读者与公众、服务空间与主要空间之间，一个充满潜力的过渡空间被营造出来。

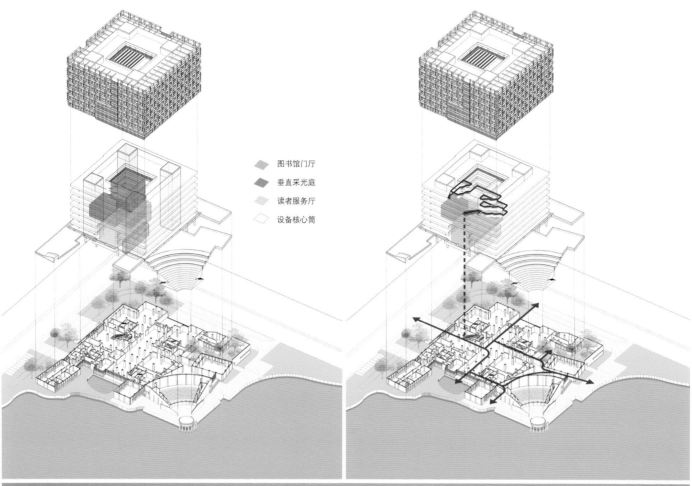

图书馆门厅

垂直采光庭

读者服务厅

设备核心筒

1 开放阅览
2 大厅上空

三层平面图

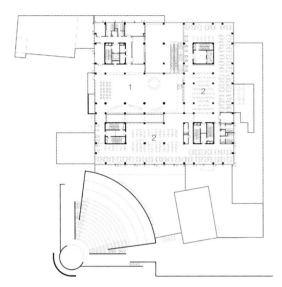

1 服务大厅
2 开放阅览

二层平面图

1 图书馆门厅
2 博物馆门厅
3 校史馆
4 医史及仲景文化博物馆
5 会议室
6 350 座报告厅
7 学术交流厅
8 200 座多功能厅

首层平面图

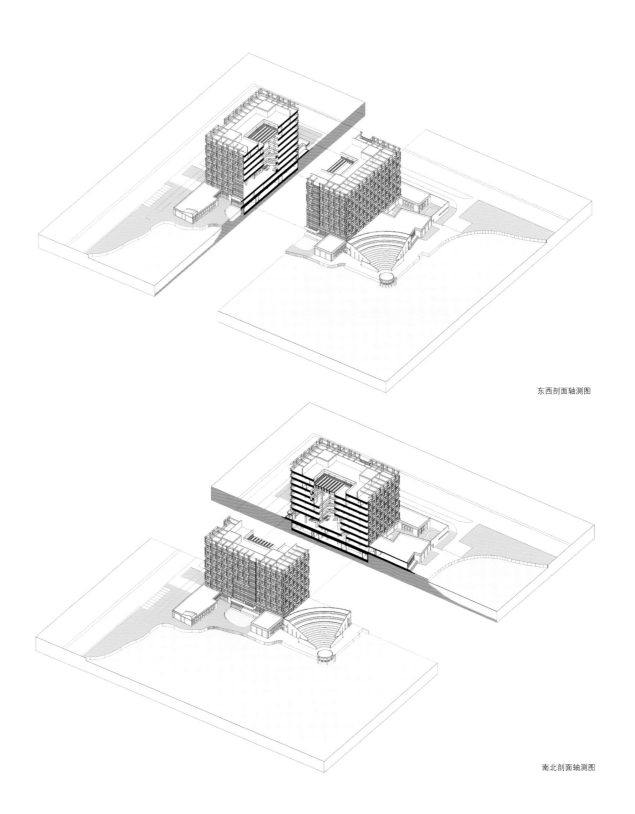

东西剖面轴测图

南北剖面轴测图

A08 青海大学图书馆

项目地点：青海，西宁
建筑面积：30600m²
设计时间：2012-2014
竣工时间：2016

高原

自青海西宁机场行车至市区，沿途两侧皆荒凉的土山，山呈圆滚浑厚之势，偶有杂树于山上，令人想起"落日胡笳，汉马悲风"的古意来。西宁城市整体处于海拔 2200m 之上，高原阳光强烈。位于城市西南之塔尔寺号称由 1000 个院落组成，阳光在院落的廊子里留下深深的阴影。明亮的色彩、深深的阴影、凉爽的空气，是青海高原给人的第一印象。

校园

西宁城市为沿河之狭长地带，青海大学校址即位于城市一端。校园由两个学校合并而成，并向东侧征地发展，青海大学图书馆即位于新征土地轴线的中心位置，乃校园发展轴之核心。项目包含图书阅览空间及校级会议中心（含一个报告厅、一个首席大讲堂）等内容。拟定规模为地上 3 万 m²，藏书 150 万册，阅览座位 2300 个 。

规划的图书馆用地为一东西长 220m、南北深 60m 的长形，南侧为规划之湿地湖面，左右对称场地拟建设院系教学用房，场地之独特条件亦对设计提出挑战。

设计

建筑主体为平面长方形的 6 层体量，其东侧设计一高敞的长形门厅，内设有夹层作为咖啡厅，门厅东端设报告厅，北端设一八角形大讲堂，几个体量高低错落。建筑外墙采用埃特板干挂，色彩黑白对照，竖条形落地长窗参差错落，高原强烈的阳光在深凹的窗洞口内留下长长的阴影，构建具有地域特色的建筑意向，含蓄表达建筑的地域性。

图书馆中间为一通高中庭，将建筑划分为南北两区，两区为藏阅合一的匀质阅览空间，便于书籍编目上架和置换。建筑首层南侧为杂志阅览区，采用沙发自由布置的格局，北侧为多媒体阅览空间。中庭内沿回廊设置直跑楼梯，构成多层级动态联系空间，便于读者到达各层，在中庭之三、四层位置设"藏书盒"。在中庭的东西两端，设置竖向书架以间隔单人阅览桌，映射古典图书馆阅览隔间的场景。

因学生均居住于校园北部，故在建筑北侧设置一下沉广场，可以方便地通往地下的 24 小时自习区，利于和楼上阅览空间分时段使用。自习区室内亦有下沉内厅与地上一层大厅相连通。

光伏

为充分利用青海充足的光照，并使中庭采光不至过于强烈而对室内书籍产生不利影响，在建筑中庭天窗及屋顶区域设置了多晶硅光伏发电组件，并沿西侧立面设计安装建筑一体化光伏幕墙，从而形成多种形式和朝向的太阳能发电组件，光伏组件总安装功率 105 千瓦，2019 年发电并网使用，作为清华大学电机系与青海大学合作项目——基于太阳能的微能源网优化运行控制研究，取得大量科研成果，成为青海大学校园内节能减排的样板工程，起到良好的示范效应。

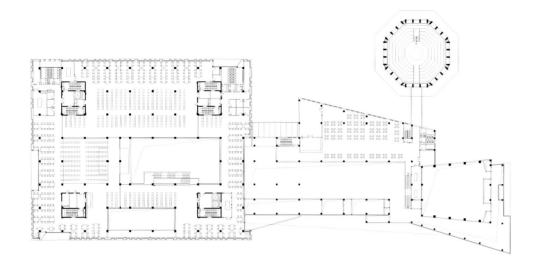

二层平面图

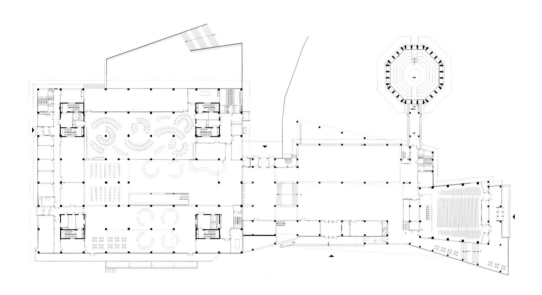

首层平面图

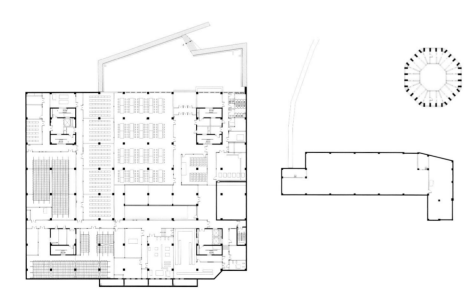

负一层平面图

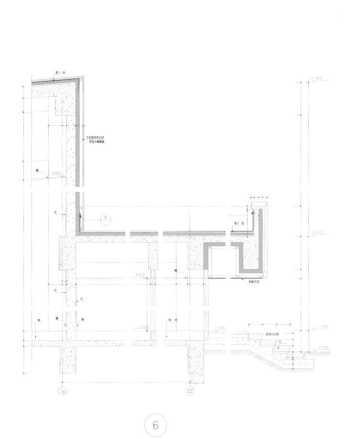

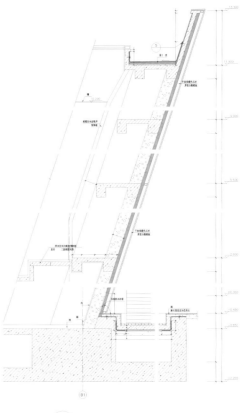

6

3

墙身详图

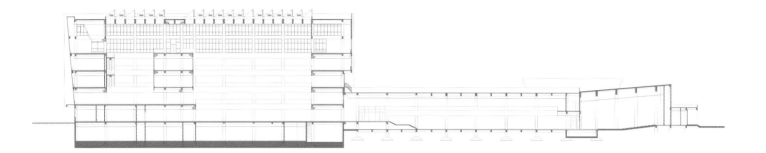

剖面图

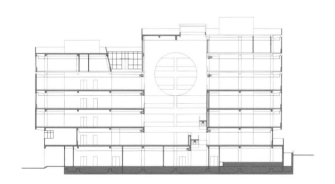

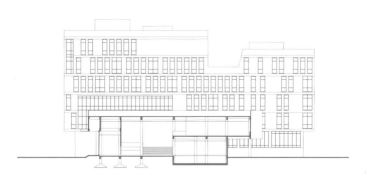

剖面图

青海省博物馆.

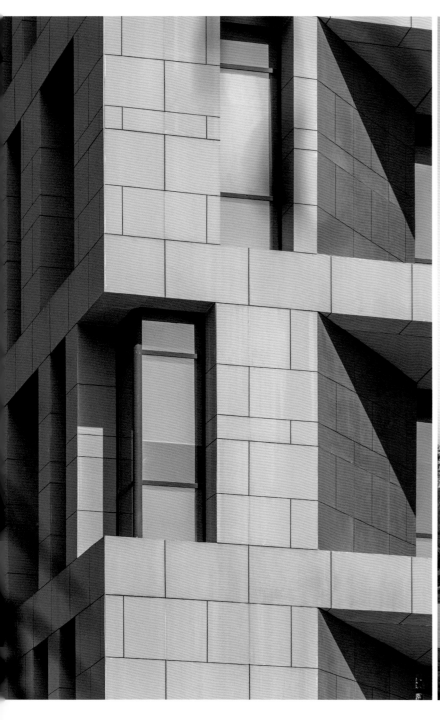

B11 数字图书馆空间设计策略研究

A Research on the Spatial Design Strategy of Digital Library

一、前言

数字信息技术的高速发展将人们带入了一个具有非物质化、运动化、大量用户化、智能化运作及软件化特征的新时代。信息技术与信息传播方式的革命，给图书馆建筑的空间设计和信息资源组织、利用方式带来深刻影响。一方面，作为信息传播本体的"人"，其获取信息的需求与日俱增，对图书馆建筑功能的需求也不同于往日。建筑师必须不断探索新的图书馆建筑空间形态，以更好地容纳发生在其中的多元信息交换活动与丰富事件，信息媒体中心、多元学习中心、多功能交流中心，以及文化艺术中心等多层次、多要素重叠的复合型图书馆建筑应运而生。另一方面，随着越来越多的信息资源被数字化，并逐渐替代传统的纸质载体，以及由此带来的读者阅读模式的改变，简单、便于携带的电子设备及互联网的应用，使读者不管身处何地，都可以轻松获取信息资源并产生交流，使得作为信息整合、传播的重要"窗口"的图书馆，其功能、空间发生了一系列变化，逐渐从功能较为单一的传统图书储藏与借阅功能，演化成为包含了各种媒介形态的信息集散场所，信息的存储、展示、交流模式与信息技术的联系日趋紧密。同时，数字图书馆还需要根据社会建设发展和人才培养需要，有效汇聚优质数据库资源、经数据加工存储的纸本文献和实物资源、多媒体资源，实现不同类别、不同格式数字资源的无缝链接和互联互通。

在这一背景下，如何体现数字时代图书馆的信息化、开放化、人性化、个性化需求，如何因循查阅模式、检索模式、图书服务与管理模式、学习与研究模式的发展与转变，塑造数字图书馆空间，重塑图书馆的信息资源组织架构，如何更好地借助信息技术促进知识创新，如何打造智能化基础设施、多样化功能空间，为市民、师生、研究者提供不受时空限制、不受语言限制的数字化知识服务都成为摆在数字图书馆建设面前亟待解决的问题。

二、数字图书馆智慧空间设计的理论基础

作为数字图书馆空间设计理论基础的"流空间"概念，由加州大学传播学教授曼纽尔·卡斯特(Manuel Castells)提出，他认为，"流空间"即"通过流动而运作的共享时间之社会实践的物质组织"[1]，是一种由虚拟空间与实体空间相互影响与融合形成的新空间形态。NIST(美国国家技术标准研究院)给出"流空间"应当具备的6大功能或服务[2]为：

①基于技术识别用户和感知用户行为，理解用户的目的和需求；
②实现用户与各种信息源的交互；
③实现移动智能设备与空间基础设施的交互；
④提供丰富的信息显示；
⑤提供记录过程和检索回放功能；
⑥支持多人协同工作和远程沉浸式协同工作。

因此，"流空间"事实上是一种虚实互动的智能空间形态，这种空间既不同于物理空间也不同于虚拟空间，它强调的是信息流在两种空间的流动循环，是一种新的空间形态。

三、数字图书馆智慧空间设计策略

1. 馆藏空间设计策略

（1）纸质书存储方式

信息存储和检索技术的发展对纸本馆藏的影响是必然的，但是纸本资源还将长期存在也是一个不争的事实。面对纸本藏书使用量减少、馆藏空间存在严重浪费的情况，国内外图书馆都开始采取各种策略来压缩实体藏书空间，从而释放更多的有效空间。

与此同时，资源的电子化并没有降低馆藏的增长量，事实上，截至目前，各大图书馆的馆藏还在逐年增加。正是因为现行90%的印刷品都是计算机制作，信息科技进步越快，生产越快速方便。

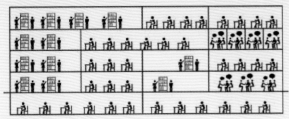

图 1　传统图书馆学习空间

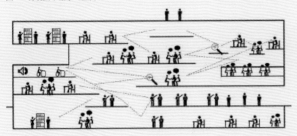

图 2　交互图书馆学习空间

图 3　"流空间"理论的模式语言

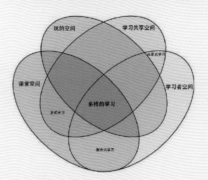

图 4　数字图书馆"流空间"模式示意

然而，馆藏的增长不代表馆藏的有效利用，对于普通的高校图书馆而言，馆藏中仍然有 40%~50% 使用频率较低的存册，其占地压缩了使用空间。"据统计，日本图书馆书库的面积比率占全馆面积的 4.5%~11.4%，阅览室面积占总面积的 20%~60%；国际图书馆协会联合会 (IFLA) 对于图书馆面积分配的建议是阅览空间面积比率为 52%，书库为 14%；而中国图书馆的阅览空间占全馆的面积比率一般为 30%~40%，阅览面积和书库面积比为 1:1~1:2"[3]，书库的集约化仍存较大的发展空间。

（2）不同书架空间尺度

1）低书架

低书架（3 层或 3 层以下的书架）的优点包括改善空间完整性，减少书架对视线的阻隔感（视线从上往下，不局限在书架间）、顶盖上可显示资料，而且必要时重新配置书架单元比较容易。通常用于儿童空间和视线特别重要的人流繁忙区域。63 个标准书架框格，占地约 50m²。

2）中高书架

4 层和 5 层高的书架单元，在容量和利用率之间可以达到比较好的平衡，尤其抬升底层书架后，可以避免底层书架里不放书的情况。读者站立时，4 层书架还可以确保书架间视线不被遮挡。较高的书架为大部分成年人提供了舒适的浏览高度。60 个标准书架框格，占地约 35m²。

3）高书架

高书架主要用于以藏书功能为主的空间，当代图书馆开架阅览区，已非常少用这种高书架布置方式。当然这种方式的优势是藏书效率高，60 个标准书架框格，占地面积约 30m²。

4）壁式书架

为营造"书墙"的效果，壁式书架模式更多被现代图书馆使用。因为集成度较高（通高通长），因此藏书效率也较高，128 个标准书架框格，占地面积约 22m²。这种布局模式的缺点在于灵活性较差、

上部书籍使用不便以及无法大面积使用。

5）自由展示书架

这种类型书架的出现并不是为了取代传统的书架，而是应空间越来越自由、功能日趋复合化的图书馆空间营造需要出现的，因此，自由展示书架会有很多种表现形式。

2. 阅览空间设计策略

随着信息技术带来的多元信息交叉与多载体传播，读者获取信息的方式发生改变，阅览行为转型，阅览空间需要适应这种多元的改变，设计需要增加层次感与高效分级，这一系列的改变导致了阅览空间走向多元展示信息的功能划分。

（1）纸质与数字资源共存

学者威尔德斯 (Wilders) 建议将电子屏幕与书架结合，重新发挥书架的作用。通常在书架上向读者展示的只有纸质文献，数字文献只能通过在线搜索得到，图书馆中没有展示数字文献的空间。如果把电子屏幕与书架结合，就可以同时向读者展示纸质文献和数字文献。这样可以更好地整合图书馆的纸质馆藏与数字馆藏，并且避免读者利用的文献限定于一种类型（只用数字文献或只用纸质文献）。阅览空间的布局也将从"书人各占一半"转变为"以人为主，以书为辅"。数字图书馆中书架将愈加边缘化，阅览空间强调"以人为主"。

（2）专业区集中向上

现代图书馆阅览功能空间普遍采用按类型集中划分，首层集中公共服务空间功能，包含服务台、展厅、大型报告厅等，普通阅览区集中布置在中间楼层，人流量较少与专业性较强的专业性阅览室，如古文献阅览室、外文阅览室等普遍集中布置在图书馆上层区域，并设置研究室。专业性阅览室因性质决定其空间要求，不需要过多设计，安静即可。这类阅览室使用者大多希望有丰富的专业书籍并能潜心研究的空间，一般设多间小型研究室，放置供较少人同时使

用的阅览桌，整体空间要求通透、明亮、简约。

（3）青少区独立设置

青少区设计比重趋势增大。数字图书馆中的青少区分为两个空间设计，即儿童阅览室和青少年阅览室。早教趋势下幼儿与青少年接触的知识面更为宽广，所需要的知识也不尽相同，因而应充分考虑读者年龄，做更细致的划分。在满足儿童空间心理需求的同时，也要考虑到青少区前来陪同的家长需要，使陪同家长度过愉快的亲子时光。

青少年区域适合安排在较为公共的区域，对自然噪声的容忍度较高。

（4）数字图书馆的阅览空间更加人性化与开放化，注重舒适性

开放式的阅览空间通常光照更好，有些甚至能透过窗户看到外面的美景。在安静明亮的阅览空间中，读者有更加舒适的感受，学习效率也会得到提高。这类阅览空间中配备的座椅也越来越人性化，符合人体工学设计的要求，令读者在长时间学习时不会轻易感到疲惫。单人阅览沙发与多人沙发搭配使用，为读者提供更多样的选择。舒适的沙发也能吸引读者在此处进行长时间的学习。

数字图书馆阅览空间的座椅模式也呈现多样化趋势，主要功能也从传统的阅览转向以学习和交流为主，因而，更好地促进社交和协作、保护隐私、提升专注度等，成为阅览空间设计的新要求。具体要求包括：

①专用于安静、集中学习的座位区必须半封闭或与其他区域隔开；

②避免使用长沙发或其他座椅，因为人们更喜欢拥有独立空间。最好避免在青少年和成年人区使用沙发和双人座椅。这种类型的座椅采用两个或多个座椅组合的形式，便于多个用户灵活使用，同时也在个人之间确保了一定程度的区隔；

③家具周围留出足够的空间，便于通行；

④所有座位都应配备放书或设备的桌子，并配备便捷的电源和网络接口；

⑤如果条件允许，将软座布置在靠近日光和视线良好的位置。

3. 学习空间设计策略

（1）信息共享空间 (Information Commons，IC)

这是一个方便用户进行信息交流和共享的场所，起源于 1990 年代，是共享空间最初的发展模式。Donald Beagle 提出：信息共享空间 = 物理空间 + 虚拟空间，因此其优势在于为用户提供一站式信息服务的同时，为用户提供便捷的交流和学习环境。

从空间的设计上看，信息共享空间的设计较于图书馆原先的藏借阅式空间划分要丰富很多，有休闲空间、个人学习空间、研讨空间、体验空间、咨询区等。从资源体系来看，数字资源、纸质资源、人力资源被整合在一个空间范围内，为用户提供服务。从服务方式来看，围绕用户的信息需求提供一站式信息服务。

（2）学习共享空间 (Learning Commons，LC)

人本主义学习理论两个重要的观点是"自主学习"和"以学生为中心"，"自主学习"强调的是学生有能力通过自我教学和主动学习达到自我提升的目的。"以学生为中心"是罗杰斯提出的，他认为一切教育活动都应该以学生为中心，只有自主自发的学习才能使学习者全身心地投入，教师只是学生学习的辅助工具。在"建构主义"和"人本主义"的理念，一些图书馆开始在信息共享空间中加入学习辅助、自主学习、合作学习的内容，实现对学习过程的全面辅助，构建专业化LC空间。学习共享空间建设的目标主要有三点：一是提供专业化和丰富化的学习资源，满足学生资源需求；二是建设一个设备齐全、能够满足个人和小组学习的物理环境；三是提供专业学习辅导和课程咨询，培养学生学习能力和信息素养。

（3）多样化学习空间

数字时代，学习空间在图书馆中占据重要地位，细分还包括：

1）个人学习空间

个人学习空间按照开放程度可以分为开放式大空间与封闭式个人研修间。较为常见的是在开放的大空间设置整齐排列的学习桌椅，供读者独立学习。这类空间需要保持绝对安静，互不干扰，因此有的图书馆会设置隔板或书架以隔绝视线，为读者提供独立的学习环境。有的大学也设置了封闭式的个人研修间，确保读者不受噪声干扰，专心学习，同时可以满足读者朗读、背诵的需求。

个人学习空间按照硬件配置可以分为两类，一类是配置计算机的，通常位于信息共享空间内，另一类是未配置计算机的，需要读者自行携带计算机学习。通常需要为读者提供高性能计算机、超大屏计算机、大尺寸双屏计算机、A3/A4幅面无边框扫描仪、高速多功能文印机等多种专业设备，为读者的学习创作和研究提供一站式服务，同时又提供灵活多样的自携式计算机的座位，满足不同读者的需求。个人学习空间配置的计算机会预装一些软件，以满足不同专业学生的特殊要求，为学习、科研提供全面支持。

2）小组学习空间

小组学习空间按照开放程度可以分为开放式讨论桌与封闭式会议室。开放式讨论桌通常由一张桌子与几把椅子组成，没有投影仪、白板等设备，优点是只需在开阔的场地设置桌椅即可，操作简单，成本较低。局限性则包括两点：第一，由于没有投影仪等显示设备，不能进行统一的内容展示，只能进行简单的口头讨论；第二，讨论声音较易影响到其他安静学习的读者。因此开放式讨论桌通常设置在图书馆的边缘区域，可以避免讨论声对自习读者造成干扰。封闭式会议室在共享空间中更为常见，可以称为"研究空间""小组学习室""研修间"等。这类空间中通常会配备会议桌椅、投影仪、白板、网络接口等，有的会配置计算机，读者可以在此开展团队项目，进行小型研讨。封闭式会议室可以隔绝声音对外部空间的干扰，团体可以自由讨论。

较大型的学习空间——教室或培训室，主要用途是进行教学培训与讲座报告。一般能够容纳30人左右，配备了投影仪与电子白板，能够进行小型的教学活动。

3）多用途学习空间

多用途学习空间既可以用于个人学习，又可用于小组学习或者讲座培训。一类多用途学习空间包含两种用途，即个人学习与小组讨论。空间主体是一人桌、四人桌及六人桌的学习桌椅，周边书架上放置开架书籍。它设置于每层的开阔走道，开放性极强，属于非安静区。读者可以进行独立学习，也可轻声讨论。这类多用途学习空间设置起来非常简单，只需在开阔的非安静区域配备桌椅即可，成本低廉。同时该类型空间一般只适合对安静程度要求不高的自习读者。另一类多用途学习空间的两种用途是个人学习与讲座培训，平时可以供个人学习使用，有需要时可以开展讲座、学术沙龙等集体学习活动。这类空间通常是一个面积较大的教室，除了配备桌椅、计算机等个人学习空间常见设备之外，还会配备投影仪、音响、话筒、PPT翻页笔等大型学习空间常见设备。既可以让读者利用计算机进行独立学习，又可以举办学术论坛、沙龙、社团活动、主题班会等活动。

大型多功能室（一般容纳80~100人会议）正被视为数字图书馆中使用率最高的部分，这些空间能够在一天里变换用途以举办各种活动。因此，多功能空间应便于从主入口进入，确保充足的能见度和采光，包含灵活的视听设备和数字技术。

4）非正式学习空间

所谓的非正式学习空间指的是学习者根据自我需求开展自主探索、沉浸式学习的场所空间。非正式学习具有成员开放、时间灵活、内容自主、方式自由、过程非结构化等特点。在"第三空间"理论的影响下，数字图书馆的非正式学习空间比重将进一步提高，例如咖啡吧、茶吧、书吧等，有的还包括书店。在学习之余，读者可以在咖啡吧吃点东西，休息片刻，以便更好地投入学习。咖啡吧也是较为典型的非正式学习空间。

一般而言，会议室和自习室都是可由个人或小组预定的封闭空间，最小的房间可能只配备一张桌子、两把椅子和一个插座，但较大的房间可能有写字桌和显示器，供用户共享数字内容。这些空间必须在工作人员的视线范围内。

4. 创客空间 (Hackerspace) 设计策略

创客空间是一个供人们分享有关计算机、技术、科学、数字、电子艺术等方面兴趣并合作、动手、创造的地方。它更多提供的是一种空间服务，但本质上是提供一种开放式的、与人合作的学习环境和学习模式。创客空间的构建要素主要有：

①为人们提供创作所需要的工具和技术指导；

②提供丰富的信息资源，供用户学习和研究；

③创造一个便于交流、分享和协作的开放式环境；

④提供一个物理空间，用于实践用户的创造活动。

创客空间通常是一个灵活的空间，可以使用各类工具和设备，而且配备良好的操作面。此外，还应考虑水槽、可移动 / 可上锁的用品储存柜、用于小组讨论和构思的写字桌。

创客空间的建设重点主要体现在：一方面是提供用于创作的工具，如 3D 打印机、扫描仪、多媒体制作工具等；另一方面构建一个便于用户合作、交流和学习的物理空间，如国内图书馆创客空间会提供能够举办研讨会、讲座、展览等活动的场所，便于用户之间交流和经验分享。

5. 知识服务空间设计策略

数字人文、数据管理正成为图书馆发展的新兴趋势，数字图书馆将更加关注数据的可视化与数据处理，并建设相应的研究空间。美国布朗大学的数字学术中心提供高性能计算机、数据存储平台、计算机辅助虚拟环境、高清视频墙等设施以及地图、数据和 GIS 等

服务 [4]。它是一个新型的数据管理与创新空间，读者可以在图书馆专业团队的指导下，利用数字信息技术进行数据资源保存、分析和利用的跨学科研究 [5]。北卡罗来纳州立大学的数据空间也是数据科学和可视化之间的纽带。该空间配备了专门的硬件和软件，用户可以在此培养关键的数据科学技能，探索大数据，构建创新的沉浸式演示，利用该校的提高计算能力的相关工具或参加相关培训。该空间中配备了创意笔显示屏，用于可视化工作。

6. 虚拟空间设计策略

虚拟空间时代，资源以数字化资源为主，其早期服务以资源导航为主，方便用户的快速查询和使用，其中建立图书馆信息门户是最为常见和有效的服务方式。技术的发展带来了虚拟空间建设的发展和服务的升级，从以资源为中心，逐渐转变为以人为中心，强调服务的专业化和针对性，相较于实体空间服务，虚拟空间服务更容易实现以需求为导向的目标。现如今，图书馆则更看重专业化服务，常见的如建立学科信息门户，可以就不同的学科进行搜集、整理并提供与学科相关的各类型资源，包括数字化资源、多媒体资源和网络资源等，方便用户使用。

数字图书馆的物质化虚拟空间需要具备如下特征：

1）感知的直接性

图书馆智能空间的资源、设备设施等内含电子数据，用户利用移动智能设备或者其他设备可以直接获得相关信息，此外，空间内铺设大量传感器，可以通过对人们身上携带的感应设备或者移动设备的感知，获取用户信息，并根据信息提供服务。例如，当用户进入图书馆时，图书馆直接通过 RFID 卡识别用户，分析用户的访问、浏览记录，为其推荐新书。当图书馆发现信息系统里没有该 RFID 的记录时，则通过别的方式，推荐用户注册。

2）信息的实时性

能够实现对用户信息的实时监测，包括位置信息、行为信息以

及身体信息等。以位置信息为例，主要采用的技术是室内定位技术。通过对用户位置的实时监控，为用户提供导航和引导服务。当用户需要找寻书籍资料时，只需在移动智能设备上打开相应软件并输入信息，即可得到书籍的存放位置和用户在移动过程中的实际位置，为用户提供引导服务。

3）服务的智慧化

基于 RFID、传感器、移动智能设备等大量智能设备运用的物联网，是一个充满智慧的网络，它使得图书馆空间呈现出智能化的特征，其中环境智能化是智能空间最基础的表现。如，在传统的图书馆馆藏下，古典文献会因为室内不良环境而遭到破坏，而在智能空间内，图书馆可以对温度、湿度、照明情况自动检测和调节，使其保持在最佳状态。在面向读者服务的空间，则通过调节环境因素，为用户提供良好的使用体验。

4）边界的模糊化

在未来数字图书馆空间内，虚拟空间与实体空间的界限变得模糊并趋向融合。触手可得的虚拟空间服务扩展了图书馆实体空间的服务范围，突破了图书馆实体空间服务的时空限制。如，在图书馆功能扩展的背景下，图书馆担负起了一部分博物馆、美术馆等公共文化机构的作用，有限的空间无法给用户带来全方位的体验，无限的虚拟空间却可以通过虚拟化的呈现或者播放为用户带来感知体验。

正是基于这些最新的形态变化，数字图书馆空间开始越来越多地加入了电子阅览区、配备有计算机的小组学习室、多媒体创意工作室、可视化实验室等非传统图书馆设施，以多媒体的界面和动态图像来实现信息传递与交流。

四、结语

综上所述，数字图书馆的智慧空间设计呈现如下特征：

①功能并置、虚实空间结合的分区方式。在兼顾不同功能区的空间独特化设计的基础上，强调空间的多功能化和复合化。越来越多的研究表明，越是成功的图书馆，就越需要对图书馆空间有动态、多变的认识。馆藏区不应孤立于座位区，服务点也不应孤立于座位区等。

②开放式、一体化的藏阅空间处理方式，加强读者空间的开放性和自由舒适的共享式阅读空间体验。

③弱化结构与材质的物质性，强化建筑空间的流动性、开放性。通过新型结构体系的创造性使用，强化建筑空间性，使读者身处其间感到自由，无拘无束。

④曲线化柔和空间的植入，丰富空间体验感，加强空间流动性和活泼感。同时，柔和的空间界面使得空间更加人性化。

⑤自由化功能空间处理方式和家具设置。空间内的家具可以自由灵活地布置，营造全面化空间体验。

⑥低矮尺度的书架使得空间通透、可呼吸。符合人体尺度的书架设计，满足不同年龄、身高的读者使用。

⑦高层图书馆中自动扶梯的设置，提升上层空间利用率和整体空间流动感。商场化的文化空间处理策略，提升建筑空间的利用率和动态感。

⑧螺旋式、流动式书库的设计，提升了封闭式藏书空间的体验感。可采用古根海姆博物馆形式的书库设计，加强藏书空间的流动性和书籍利用率。

⑨注重公共性交流空间、共享空间的营造。结合读者行为方式的需求，营造更加注重交流性、共享性的文化空间。

⑩注重"中介空间"的营造，创造建筑空间与城市空间的交融与互动。

⑪重视空间的个性化塑造和对弱势群体的人文关怀。根据读者个性化需求，增设多样化交流学习与活动的空间。

⑫服务空间与被服务空间的清晰分区。服务空间封闭、安静，

被服务空间呈一体化、开放式特点，可采用自由、灵活的流动式处理策略。

参考文献

[1] 曼纽尔·卡斯特 . 网络社会的崛起「M].夏铸九，土志弘，等译 . 北京：社会科学文献出版社，2001：505.

[2]NIST. Smart space project[EB/OL].[2016-11-05].http://www.nist.gov/smartspace/.

[3] 鲍家声 . 图书馆建筑求索——走向开放的图书馆建筑 [M]. 北京：中国建筑工业出版社，2010.

[4] 介凤，盛兴军 . 数字学术中心：图书馆服务转型与空间变革——以北美地区图书馆为例 [J]. 图书情报工作，2016 (13)：64-70.

[5] 盛兴军，介凤，彭飞 . 数字环境下图书馆的空间变革与服务转型——以美国布朗图书馆为例 [J]. 图书馆论坛 .2017(5)：133-143.

[6] 张亚娜 . 新技术背景下图书馆空间发展研究 [D]. 保定：河北大学 ,2017.

[7] 国际图书馆协会联合会（IFLA）. 公共图书馆服务：IFLA/UNESCO 发展指南 . IFLA 出版物 97 号，2001.

[8]《公共图书馆建设标准》建标 108-2008.

[9] 吴建中 . 图书馆——人的连接器 [EB/OL] . [2016-12-1] . http：//www. wujianzhong. name/?p=1568.

[10] 干冬力 . 基于流空间的高校图书馆空间再造思考 [J]. 图书馆工作与研究，2016 (5).

[11] 余涛，余彬 . 智能空间：人类与自然和谐共处的新范式 [M]. 杭州：浙江工商大学出版社，2011.

[12] 史册 . 闭架书库控制系统的研究与实现 [D]. 北京：北京理工大学，2015.

[13] 刘昀岢 . 面向智能空间的情境感知体系结构研究 [D]. 长沙：湖南师范大学，2012.

[14]JOHANSON B, FOX A. The Stanford Interactive Workspaces Project[J]. Designing Friendly Augmented Work Environments, 2010.

作者：刘玉龙，黄献明

本文是教育部数字图书馆建设研究课题成果的一部分。

B12 "数字·图书·馆"——数字时代图书馆建筑设计的可能性初探

Virtual-libr-ary: an Exploration of the Possibilities of Architectural Design in the Digital Age

一、课程概况

课程题目"数字·图书·馆"以数字时代为背景，以图书馆这一建筑类型为载体，以题目自身不同的解读方式，引发学生对建筑本质的再思考，并在此基础上探索当下及未来图书馆建筑设计乃至所有建筑设计的潜在可能性和新方向。

二、关于数字图书馆或数字时代的图书馆

作为人类最古老的建筑类型之一，图书馆建筑历经漫长的历史进程，其物质空间形式伴随图书本身形式、数量和管理的发展而不断演进。从早期简单的书橱（cupboard or armarium），到书台、书架均布的房间（lectern or stall system），再到书墙环列的厅室（saal or wall system），这些藏阅一体的空间一路变化发展为藏阅独立的庞大馆舍，继而又随着图书管理技术的变革和读者对阅览体验的要求迎来藏阅一体空间模式的回归。而数字时代的来临对作为人类知识最主要载体的实体图书的冲击是巨大的，也给作为容纳实体图书物质空间的图书馆带来前所未有的要求和挑战——自 1990 年其概念第一次由美国研究者提出后，"数字图书馆"（或称虚拟图书馆、电子图书馆）即成为亟待探索且引人入胜的话题，既可以解读为数字化的图书馆，从而指向图书馆作为物质空间实体的消解和虚拟化，也可以解读为数字图书之馆，即服务于数字化知识资源的空间场所，从而仍然指向甚或更加凸显图书馆作为物质空间实体对人体验的不可替代性。从此意义上说，数字化时代由科技所支持出现的虚拟现实及去物质化的信息传播，成为建筑学的契机而非阻碍，它使得对建筑空间实体性、物质性乃至建筑本质进行彻底深入的反思成为可能。如果将上述图书馆建筑的历史以"书"与"读"的关系为线索进行梳理（例如不难发现，图书馆建筑中服务于"书"的空间从少到多再到少，

而服务于"读"的空间则是一以贯之的），或可为图书馆建筑及其设计的新生提供必要、有益的启示。

三、课程描述

本次设计课程分为如下三个阶段：

在第 1~2 周的课程中，每名学生需通过教师讲座、集体讨论和课下研究，形成对课程题目"数字·图书·馆"的个人认知和解读，阐明图书馆建筑发展历史中一个对课程题目产生启示的原型话题（prototype），并以文字（narrative）、图示（diagram）及模型（model）相结合的形式进行表现，从而定义本人或本组在本次设计课中所要探索的具体设计问题。

在第 3~6 周的课程中，以上述设计问题的探索为导向，在清华大学校园内选择确定一个或若干设计地段，并通过包括理论及案例在内的进一步设计研究，提出初步设计方案。

在第 7~8 周的课程中，对设计方案进行深入、细化、完善及最终表现，并通过此过程进一步明晰、打磨和强化设计概念，形成对课程伊始提出的设计问题探索的回应，形式可以是确认、发展甚至否定和反思，且允许有意义的"跑题"。

在课程的全过程强调思考角度、工作方法和设计成果的原创性。

四、设计题目

学生可依据设计问题需要，选择清华大学校园内任意一个或多个地段进行数字图书馆设计，或进行无实体地段的虚拟"空间"设计（形式任意，例如虚拟现实可视化的算法系统或智能穿戴装置等），或进行上述两种方式结合的设计。

1. 功能要求

空间的形式可以是实体的或虚拟的，或实体与虚拟结合的，都需要具有下列空间功能：

（1）馆藏空间：满足纸本或数字资源的存储需求，如有纸本资源，除传统模式外，鼓励进行由高度自动化密集书库、RFID自动馆藏系统等技术手段支持的新馆藏空间设计。

（2）阅览空间：满足纸本或数字资源的阅览及体验需求，注意考虑新的资源形式及其体验方式对相应空间的新要求和新启示，鼓励挖掘各种可能性的非典型新阅览空间设计。

（3）信息共享空间：满足读者进行实体或虚拟的信息交流和共享，在其设计中鼓励反思人与人实体情感交流的意义及其对空间的要求。

（4）多样学习空间：满足读者进行实体或虚拟的独立或共享的学习要求，可包括但不限于个人学习空间、小组学习空间、多用途学习空间和非正式学习空间（如咖啡吧、书吧、健身房等）。

（5）创客空间：满足人们分享知识、发展兴趣并合作创造的需要，提供实体或虚拟的空间及工具设备等服务，培育开放式的知识获取及生产模式。

（6）知识服务空间：提供数据的可视化与分析处理服务。

2. 设计要点

（1）以上功能的实现需要体现如下特征：资源获取的实时普及、阅览体验的真实多样、知识服务的智慧便捷，并且充分利用"数字图书馆"这一设计题目所提供的独特的设计机会。

（2）注意思考、回应数字图书馆相较于传统图书馆从"知识获取"到"知识创造"的功能转变。

（3）更进一步思考，扩展到城市范围，数字图书馆是否可为重新思考高校图书馆和公共图书馆的关系提供可能。

五、设计成果表达

1. 研究及选题成果

文字（narrative）、图示（diagram）、渲染（rendering）、模型（model）、照片（photo）。

2. 设计成果

（1）地段及建筑的实体模型或虚拟空间系统成果。

（2）图纸，不少于 4 张 A1 图纸。

（3）汇报文件，不少于 15 页的演示幻灯片。

六、参考案例

建筑	建筑师或设计单位	年代
格罗斯特大教堂修道院研习间（Gloucester Cathedral, carrels in the cloister）		约 1400 年
牛津大学基督圣体学院图书馆，牛津（Corpus Christi College, library, Oxford）		约 1604 年，约 1700 年
圣马可图书馆，佛罗伦萨（S. Marco, library, Florence）	米开罗佐（Michelozzo）	1438 年
圣洛伦佐图书馆，佛罗伦萨（S. Lorenzo, Biblioteca Laurenziana, Florence）	米开朗琪罗（Michelangelo）	1523~1571 年
莱顿大学图书馆，莱顿（University Library of Leiden, Leiden）		1610 年雕刻
安布洛其亚图书馆，米兰（Biblioteca Ambrosiana, Milan）	L. 布齐（L. Buzzi），由 A. 泰绍罗（A. Tesauro）继任	1603~1609 年
牛津大学博多利图书馆，牛津（Bodleian Library, Arts End, Oxford）		1610~1612 年
沃尔芬比特尔图书馆（Wolfenbüttel, library）	赫尔曼·寇伯（Hermann Korb）	1706~1710 年

续表

建筑	建筑师或设计单位	年代
法院图书馆（现国家图书馆），维也纳 （Hofbibliothek (now Nationalbibliothek), Vienna）	菲舍尔·冯·埃尔拉赫 （J. B. Fischer von Erlach）	1722~1726 年
剑桥大学三一学院图书馆，剑桥 （Trinity College, library, Cambridge）	克里斯多弗·雷恩 （Christopher Wren）	1676 年
卡尔斯鲁厄图书馆 （Karlsruhe, library）		1761 年
皇家图书馆设计 （Design for the Bibliothèque du Roi）	艾蒂安－路易·布雷 （E.–L. Boullèe）	1784 年
柏林国家图书馆设计 （Design for the Berlin Staatsbibliothek）	卡尔·弗里德里希·申克尔（K. F. Schinkel）	1835 年
圣日内维耶图书馆，巴黎 （Bibliothèque Ste Geneviève, Paris）	亨利·拉布鲁斯特 （Henri Labrouste）	1843~1850 年
大英博物馆阅览室，伦敦 （British Museum, reading room, London）	西迪尼·斯莫克 （Sydney Smirke）	1854~1856 年
国家图书馆阅览室，巴黎 （Bibliothèque Nationale, reading room, Paris）	亨利·拉布鲁斯特 （Henri Labrouste）	1865~1868 年
克拉克大学 Robert Hutchings Goddard 图书馆，伍斯特 （Clark University, Robert Hutchings Goddard Library, Worcester）	约翰·约翰森 （John Johansen）	1965~1969 年
马尔堡大学图书馆 （Marburg University Library）	库尔莫和巴特 （Küllmer & Barth）	1962~1968 年
菲利普斯埃克塞特中学图书馆 （Phillips Exeter Academy Library）	路易·康 （Louis I. Kahn）	1966 年

续表

建筑	建筑师或设计单位	年代
西雅图中央图书馆 （Seattle Central Library）	大都会建筑事务所 （OMA）	2003 年
仙台媒体中心	伊东丰雄（Toyo Ito）	2001 年
劳力士学习中心 （Rolex Learning Center）	SANAA 建筑事务所	2010 年
城市媒体空间 / 多媒体图书馆，奥胡斯 （Dokk1, Aarhus）	SHL 建筑事务所	2015 年
广州图书馆		2012 年
亨特图书馆，罗利 （Hunt Library, Raleigh）	Snøhetta 建筑事务所	2013 年
查尔斯图书馆，费城 （Charles Library, Philadelphia）	Snøhetta 建筑事务所	2019 年
南开大学新校区图书馆及综合业务楼，天津	天津市建筑设计院	2015 年
天津大学图书馆	天津华汇工程建筑设计有限公司	2018 年
南方科技大学图书馆	Urbanus 都市实践	2013 年
天津滨海图书馆	MVRDV 建筑事务所 + 天津市城市规划设计研究院	2017 年
赫尔辛基中央图书馆 （Oodi Helsinki Central Library）	ALA 建筑事务所	2019 年
卡塔尔国家图书馆，多哈 （Qatar National Library, Doha）	大都会建筑事务所（OMA）	2018 年
上海图书馆东馆	SHL 建筑事务所	2021 年
康复大学数字图书馆	清华大学建筑设计研究院 +Gensler 建筑事务所	2022 年

七、学习参考书目

（1）Nikolaus Pevsner, *A History of Building Types,* 1976

（2）Reinhold Martin, *Is Digital Culture Secular?: on Books by Mario Carpo and Antoine Picon*, 2012

（3）Mario Carpo, *The End of the Digital*, 2012

（4）Christopher Hight, *Architectural Principles in the Age of Cybernetics*, 2008

（5）Walt Crawford、Michael Gorman, *Future Libraries: Dreams, Madness, & Reality*, 1995

（6）G. 汤普逊，《图书馆建筑的计划与设计》，1981

（7）Michael J. Crosbie, *Architecture for the Books*, 2006.
（中文版本为：迈克尔·J. 克罗斯比，《现代图书馆建筑：公共·大学·社区》，2005）

（8）Michael Brawne, *Library Builders*, 1997
（中文版本为：迈克尔·布劳恩等，《图书馆建筑》，2003）

（9）鲍家声，《现代图书馆建筑设计》，2002

（10）鲍家声，《图书馆建筑求索——走向开放的图书馆建筑》，2010

（11）孙澄，《当代图书馆建筑创作》，2012

（12）付瑶，《图书馆建筑设计》，2007

（13）林耕、夏青，《国外当代图书馆建筑设计精品集》，2003

（14）吴建中，《世界经典图书馆建筑》，2006

（15）郎亮，《当代城市媒质中心设计研究》，2008

（16）颜莺，《后媒体时代的建筑媒体与媒体建筑》，2008

（17）陈小可，《信息化背景下未来图书馆建筑设计趋势探究》，2012

（18）叶子腾，《文化建筑综合体集约化设计策略研究》，2012

（19）于海健，《当代社区媒体中心设计研究》，2013

（20）王凌，《文化娱乐设施集聚区建设研究》，2014

（21）王龙，《数字时代图书馆空间构建方式研究》，2014

（22）何韶瑶，《基于环境行为学理论的现代高校图书馆空间构成研究》，2011

（23）黄东翔，《复合型图书馆读者空间研究》，2012

（24）沈锋，《复合空间视野下当代学术型图书馆的行为模式与空间定位》，2013

（25）刘浩源、胡雪松，《浅析行为空间论在公公图书馆建筑设计中的应用》，2016

（26）美国国会图书馆信息技术战略委员会，《21 世纪国会图书馆数字战略》，2000

（27）美国国会图书馆，《2008 – 2013 年发展战略规划》，2007

（28）《大英图书馆 2008 – 2011 年发展战略》

作者：刘玉龙，祝远
本文为清华大学建筑学院开放式教学设计课程教案。

B13 新大学，新校园

New University, New Campus

我想从两个层面分享我对新大学、新校园的一点看法。

第一个层面是"新大学"。我们说中国的"新大学"可能比较好地体现了大学学科发展的新动向。这种动向可以分解为下面三组词。

第一组词就是"双一流"。一流大学和一流学科建设就是一种新动向，特别是一流学科的建设，它使学校里的学科资源发生变化，以前没有针对学校这方面的评价和要求，现在按照不同学科进行一流学科排名和建设，使得学校资源形成了新的组合。需要对全新学科、交叉学科、通识教育方面都进行探索，以带来学科上的新变化。

第二组词是"新城市"和"新大学"。有些城市原本是没有大学的，或者之前拥有的大学数量不多，现在随着城市社会经济水平的提高，这些城市都在创办大学新校区或者建设新大学，如苏州市、深圳市、珠海市、青岛市等。这使大学的办学、各校区之间的学科的均衡发展面临新的挑战。有不少大学是完全新办的，如南方科技大学、中法航空大学、康复大学、中国中医科学院大学、西湖大学等，这些都是从学科建设开始，完全新建的全新大学。这也是值得我们关注的一个动向。

第三组词是"大大学"和"小大学"。由于前面提到的新城市、新大学的建设，出现了很多有若干校区、几万人规模的大学。例如中山大学在广州有两个校区，在珠海也有校区；哈尔滨工业大学在深圳有校区，北京理工大学在深圳也有合作办学校区等。一个大学由于创办了多校区，因此变得更大，可以称之为"大大学"。同时我们也发现有一些"小大学"，它们的招生人数很少，更重视学生的学位分布，甚至有的学校本科生很少，研究生较多，以博士生为主，这些学校更加注重追求高水平、研究性和突破性。这些学校本身的办学理念给自身带来的"新"，也是非常值得关注的。

第二个层面是"新校园"。受第一个层面大学学科发展动向的推动，我们对校园的空间价值有了新的认识。这个认识可以用四组词来概括：

第一个词是"用地"。用地条件的特殊性，如山体对校园的分割、江河湖海对校园界面的限制等，给校园带来了空间格局的创新。以往我们比较熟悉的校园空间格局是：以花园、水面、图书馆等作为校园的空间轴线，更注重内向的规划设计创新，而现在，校园空间的外部要素激发了新的创新。

第二个词是"共享"，重视空间的公共性和开放性。例如伦敦大学学院（UCL）利用伦敦奥运会使用后的场地建设新的校区，在建设中提出要更重视底层空间的公共性，因此建筑的一层空间都是公共的、面向社会开放的，二层以上是供学校内部使用的教学、办公、研究空间。现在我们国内也有不少学校在探讨学校底层空间的公共性和开放性，形成"无处不在的、泛在的"学习空间。这点也是跟以前不太一样的新认识。

第三个词是"弹性"，强调建筑综合体平台的建设。我们现在越来越重视空间的弹性，以前建设很多不同院系的楼，现在则建一组比较大的综合体建筑，涵盖多个院系。这与我们前面讲到的大学发展的通识教育、全新学科、交叉学科、学科变化、一流学科资源倾斜等都是密切相关的。以前所有的院系楼是静态的、分散的，现在则变成了一个动态的、可以调整的综合体。这种弹性的、综合性的、平台性的建设未来也会越来越多。早在 15 年前，关肇邺院士带领我们完成了郑州大学的人文社科组团设计，这个组团包括 7 个院系，彼此既要相对独立，又要内部连通，以便将来可以互相调整，现在看来，那个时候就已经在探索这样的方法了。最近我们团队完成的康复大学创新核组团设计，也是将若干建筑功能纳入一个综合体之中。这些都是我们对弹性、综合性认识的体现。

第四个词是"生态"，现在的校园更加强调建筑与自然、景观的相互融合，甚至要创造立体的、生态的、景观的空间，而不像以前，楼是楼，绿化是绿化。如今，建筑与景观的交叉融合成为校园建设的一个重要特点。

原文发表于《当代建筑》2022 年第 7 期，有改动。

A09 青海大学科技园孵化器综合楼
Incubator Building of the QHU National Science Park

A09　青海大学科技园孵化器综合楼

项目地点：青海，西宁
建筑面积：30988m²
设计时间：2015-2016
竣工时间：2020

青海大学科技园孵化器综合楼的建筑设计，可以看作是一次对"内"与"外"二者关系的思考与实践。

框景与观景

孵化器综合楼是整个青海大学科技园的核心建筑，并位居校园与科技园两园东西主轴之上。设计的初衷是希望新建筑的出现不要阻隔自校园西望的一带远山。方案将建筑分为南北两翼，长向顺东西布置，而以各自端面朝向东侧校园，从而形成一个框景的窗口——窗含西岭，借景入校园。对山景的保留、拾取，使中开湖池、西望远山的上位校园规划得以贯彻，实现了另一种意义上的理水掇山。

这个建筑尺度的巨大窗口不仅达成了避免阻隔的初衷，而且提示和强调了景观的存在。框景是对原始自然的采撷和编辑，使人从淡漠无意识的状态转为注意欣赏的态度，正如建筑实体的阴影赋予光以形式，而一方院落剪裁限定的天空，反而更成为审美的对象。片段胜过了全体。

窗口作为景框，与山景一道，仍是被观看客体的一部分，而综合楼建筑自身还是供人登临俯瞰的观景设施。自建筑上部东西两侧的休息厅与连廊远眺校园与西山，景框由窗形的建筑整体变成了真正的窗，在看与被看的关系中，建筑也由观景活动的客体变成了主体。

加工自然、提供视点，建筑从不影响看出发，走向对看的辅助。

里面与外面

建筑的窗形并不是平面的——作为一个面宽和高度约60m、进深约50m的完形立方体虚框，有限的面积规模撑起了与宏阔地景尺度相称的建筑体量，化零为整，有机整合，以鲜明纯粹的几何形象在空间环境中立足。

因此，建筑整体的三维图底关系，是由周边的实体围合出中心的虚空，后者既是室内外空间分类意义上的"外面"，又是位置体形关系意义上的"里面"——以室外空间为其里，而以室内空间环其外，"里面"与"外面"在此都成了多义、相对的，而建筑成为一座立体的"院落"。

叠屋垒室以为院，当其无，有院之用。出于外部形象需要的完形架构，创造出其中积极有益的空间质量，形式裨益了内容。人们拾级而上，步入这座院落内，抬头可见连廊复道，环顾可览城市校园。被建筑怀抱的室外空间，以"灰空间"的属性予人以必要、适宜的领域感，并自然衔接建筑用地东西两侧的较大高差。人们自此转入南北两翼的室内。

场域与地域

本设计中，窗还是超越形本身的——更大尺度范围的内外问题，关乎场域与地域。

对地域传统的认知，其实一向存在着微妙的内外差异：尽管外来建筑师对不同地域的建筑实践往往抱有基于地域主义的极大热忱，本地人对地方建筑形式的集采复制或隐喻映射却心有未甘，而对外来的"先进潮流"兴趣浓厚。现实是，近年西部地区的部分新建筑，或因肤浅写仿地方传统符号语言而落于博览异域风情的俗套，或因主观猎奇地方传统材料工法而沦为无视技术发展的偏执。

孵化器综合楼的设计与建造过程，试图回归理性，以场域代替地域，将注意力集中于用地、校园、街区等更加迫切、确凿存在的中观层面条件，而适度淡化笼统空泛的抽象地域概念。其中，中观层面条件是一种综合的文脉关系，既包括物质空间环境，也包括社会文化心理，而方案力求对之做出充分的对话回应。作为结果的建筑空间形式，正视和认可了当地物质与精神需要，并欢迎当代工业化建造。既属彼地，也属彼时——设计成为一个自内而外的过程，而非反之。一种对"地域主义"乃至所谓"批判的地域主义"克制审慎、有所不为的态度，在项目设计、施工与使用的全过程中，得到了同时来自内部与外部的支持和赞赏。综合楼建筑跳脱了单纯形式上的象征，成为一个同时开向当地与外界的窗口。以之为媒介，内外彼此观看、相互沟通：对于学校或当地，它是资源外溢的科技之窗；而对于外界，它是言为心声的学校与地域之窗。

至此，建筑也成为设计观乃至文化观的窗口：突破僵化的范式教条，无论其是普世主义或地域主义的——在场即在地。

开一扇窗，沟通内外，试以科技之光与文化新风孵化未来。

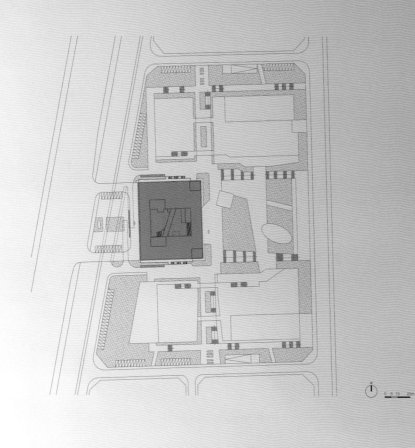

总平面图

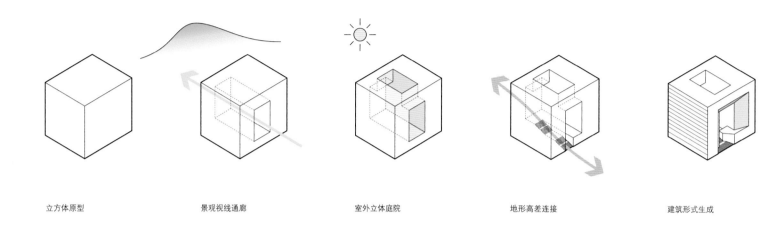

立方体原型　　　　　　　景观视线通廊　　　　　　　室外立体庭院　　　　　　　地形高差连接　　　　　　　建筑形式生成

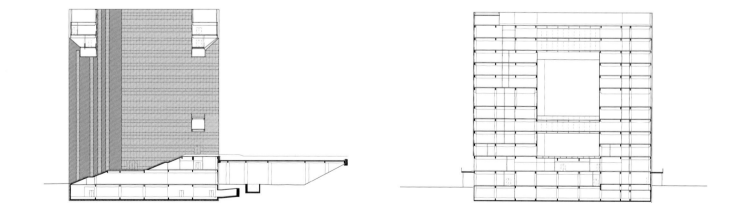

剖面图

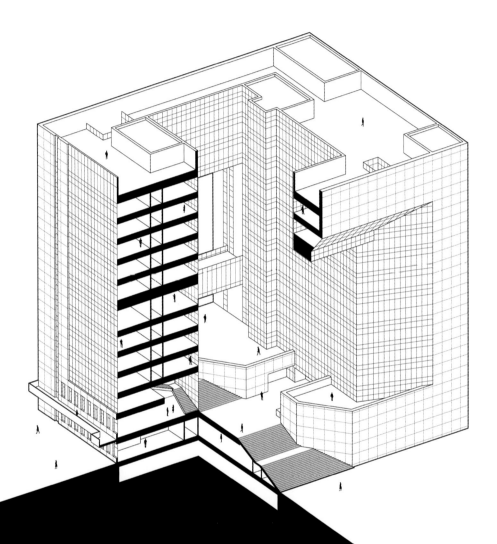

剖透视图

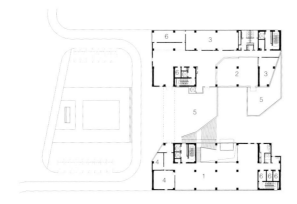

1 科技服务大厅
2 多功能活动区
3 多功能讨论室
4 办公室
5 室外休息平台
6 设备及辅助用房

三层平面图

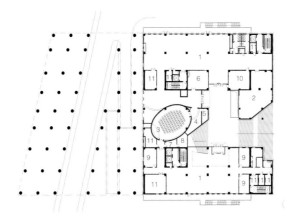

1　展厅
2　咖啡厅
3　多功能厅
4　服务台
5　衣帽间
6　会议室
7　茶水间
8　控制室
9　办公室
10　消防控制室
11　设备及辅助用房

首层平面图

1 培训教室
2 培训住宿区
3 管理用房
4 观景廊
5 设备及辅助用房

十一层平面图

1 孵化器办公
2 培训住宿区
3 讨论区
4 设备及辅助用房

八至十层平面图

A10 青海海北藏族自治州中藏医康复中心
The Chinese and Tibetan Medicine Rehabilitation
Center of Haibei Tibetan Autonomous Prefecture

A10 青海海北藏族自治州中藏医康复中心

项目地点：青海，海北藏族自治州
建筑面积：30000m^2
设计时间：2016–2017
竣工时间：2020

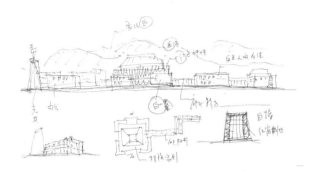

　　在我们的众多设计中，海北藏族自治州（本书简称海北州）中藏医康复中心项目是颇为特殊的一个——在其看似地方化的建筑形象背后，并非后现代式的符号集采或历史表达，而是我们对医疗建筑、建筑设计乃至地域主义等问题的综合思考。

　　当下，由于医疗功能的日益复杂、医疗科技的快速发展及医疗空间对人精神、情绪和心理状态的长期普遍忽视，医疗建筑被认为正面临逐渐沦为功能容器而丧失其自身建筑学价值的威胁，对其设计的反思迫在眉睫。我们志在使医疗建筑回归建筑的行列，在功能便捷高效之外，以不可替代的空间质量，给其中各类使用人群以人文关怀和精神慰藉，从而使建筑学和医学一道，贡献综合广义的疗愈。如此，医院自身亦有望得到重新定义，挣脱人们一贯的消极印象，真正成为一个令人满意的社会服务机构和市民公共场所。

　　海北州中藏医康复中心是集医疗、康复、养老于一体的综合医疗平台和二级甲等医院。根据建设方要求，康复中心需在满足当地医疗需要的基础上，依托藏医特色并挂钩旅游资源，发展特色鲜明的康养产业，这使得上述在医疗建筑中重新结合医学与建筑学的愿景更为合理可行。项目所在的海北州为藏族自治州，3 万 km^2 州域内空旷辽阔，总人口仅 30 万，高海拔，空气清冽稀薄。

　　康复中心的设计回应项目功能及用地条件，借鉴传统藏式建筑原型，采取分散化、庭院式、水平向延展生长的总图布局——门诊、医技、住院、康复和办公等功能被安排在室内外一系列或封闭或开敞的庭院中，其间以室内外连廊相交通，而围合庭院的单体建筑尺度小巧、进深紧凑——在保证建筑功能合理划分和有效联系的同时，获得良好的公共活动空间、优美的视觉景观环境和舒适的自然采光通风。其中，作为室内庭院出现的门诊大厅，以其 3 层通高的尺度、中心对称的布局和倾泻而下的天光，变奏出温暖明亮而又充满精神性的空间氛围，成为整组建筑的中心与高潮。

　　通过上述建筑设计上的努力，我们希望康复中心作为一件真正的建筑作品，在疗愈人们身体的同时关怀他们的精神和情绪。在一个人们越发关注其各种行为活动的体验和感受的时代，我们相信，好的医疗建筑需要对其自身的"建筑"本质属性进行回溯与复兴。

藏式建筑空间意象

　　海北州中藏医康复中心的设计有意识地脱离现行惯例，映射地域传统，可以看作是地域主义思想的反映，也体现了对地域性建筑实践的看法。

方案沿街效果图

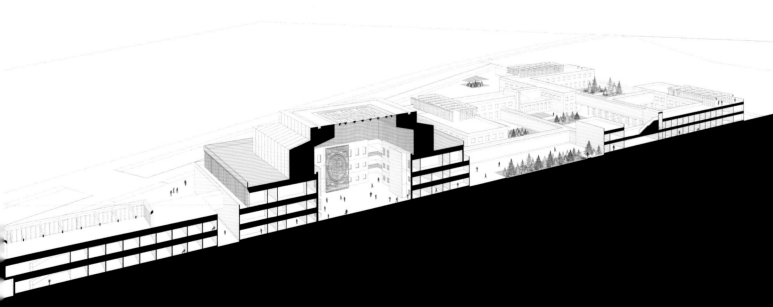

内部空间示意图

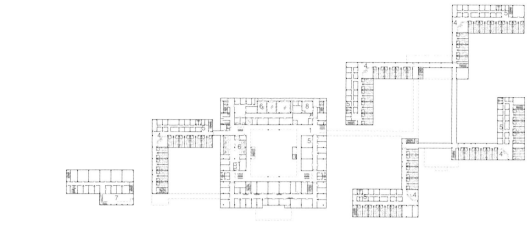

二层平面图

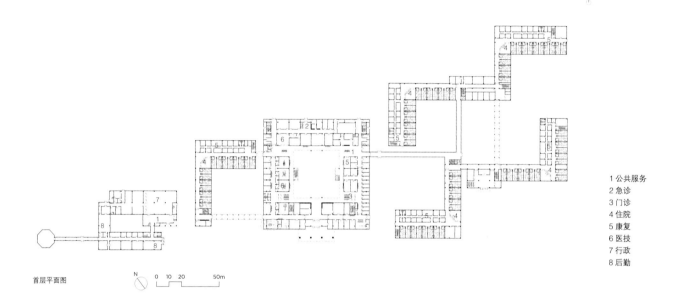

首层平面图

N 0 10 20 50m

1 公共服务
2 急诊
3 门诊
4 住院
5 康复
6 医技
7 行政
8 后勤

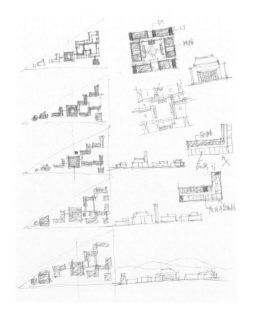

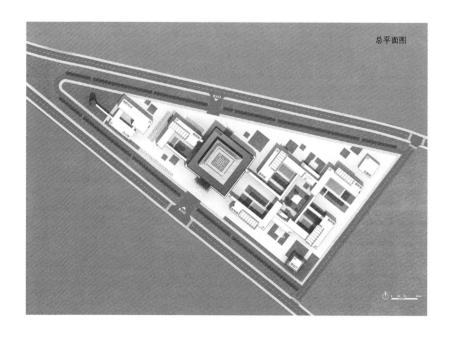

总平面图

主楼立面图

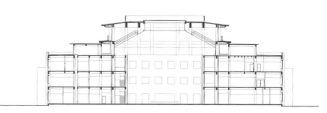

主楼剖面图

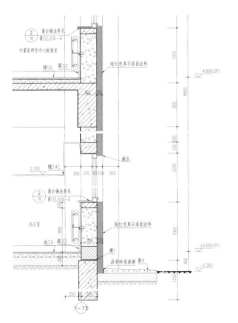

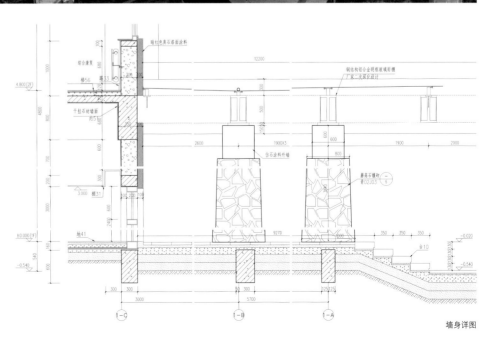

墙身详图

B14 回归建筑、适度设计、走向地域
——海北藏族自治州中藏医康复中心项目设计后记

Back to Architecture, Design Moderately, Towards Region: Postscript to the Design of the Chinese and Tibetan Medicine Rehabilitation Center of Haibei Tibetan Autonomous Prefecture

在我们的众多设计中，海北州中藏医康复中心项目是颇为特殊的一个——在其看似地方化的建筑形象背后，并非后现代式的符号集采或历史表达，而是我们对医疗建筑、建筑设计乃至地域主义等问题的综合思考。

一、愿景：回归建筑

当下，由于医疗功能的日益复杂、医疗科技的快速发展及医疗空间对人精神、情绪和心理状态的长期普遍忽视，医疗建筑被认为正面临逐渐沦为功能容器而丧失其自身建筑学价值的威胁，对其设计的反思迫在眉睫。

正在进行的第 17 届威尼斯国际建筑双年展上，大都会建筑事务所（OMA）以一个状如临时病房的放映厅放映其名为"未来医院"（*Hospital of the Future*）的自创影片（图 1），分享其对于医疗建筑未来的思辨：对医院空间做种种隔靴搔痒的"软化"处理是缘木求鱼，而直面人们对医院的反感，索性以全自动的机器服务，化医院为不必去的"非建筑"，反倒可能真正使医院更加人性化。参展建筑师 Reinier de Graaf 在接受采访时表示："人们并不会因喜爱医院而去医院，因此对其内部的装点美化于事无补（You don't go to the hospital because you like it and no cosmetic operation on its interior is likely to change that）。"面对医疗建筑"去建筑化"带给人们的不适，这是一个逆向思维、"将错就错"、彻底把医疗建筑排除在建筑行列之外的激进答案。

我们对医疗建筑的未来并不如此悲观，海北州中藏医康复中心项目的设计可以看作是我们自己给出的一个答案。我们志在使医疗建筑回归建筑的行列，在功能便捷高效之外，以不可替代的空间质量，给其中各类使用人群以人文关怀和精神慰藉，从而使建筑学和医学一道，贡献综合广义的疗愈。如此，医院自身亦有望得到重新定义，挣脱人们一贯的消极印象，真正成为一个令人满意的社会服务机构和市民公共场所。

海北州中藏医康复中心是集医疗、康复、养老于一体的综合医疗平台和二级甲等医院。根据建设方要求，康复中心需在满足当地医疗需要的基础上，依托藏医特色并挂钩旅游资源，发展特色鲜明的康养产业，这使得上述在医疗建筑中重新结合医学与建筑学的愿景更为合理可行。项目所在的海北州为藏族自治州，3 万 km^2 州域内空旷辽阔，总人口仅 30 万，高海拔，空气清冽稀薄。

康复中心的设计回应项目功能及用地条件，借鉴传统藏式建筑原型，采取分散化、庭院式、水平向延展生长的总图布局——门诊、医技、住院、康复和办公等功能被安排在室内外一系列或封闭或开敞的庭院中，其间以室内外连廊相交通，而围合庭院的单体建筑尺度小巧、进深紧凑——在保证建筑功能合理划分和有效联系的同时，获得良好的公共活动空间、优美的视觉景观环境和舒适的自然采光通风。其中，作为室内庭院出现的门诊大厅，以其 3 层通高的尺度、中心对称的布局和倾泻而下的天光，变奏出温暖明亮而又充满精神性的空间氛围，成为整组建筑的中心与高潮。

通过上述建筑设计上的努力，我们希望康复中心作为一件真正的建筑作品，在疗愈人们身体的同时关怀他们的精神和情绪。在一个人们越发关注其各种行为活动的体验和感受的时代，我们相信，好的医疗建筑需要对其自身的"建筑"本质属性进行回溯与复兴。

二、挑战：适度设计

除总图布局和空间营造外，康复中心建筑的形式语言也是我们对医疗建筑作"建筑化"努力的重要组成部分，其具体设计过程和最终实施结果也引发我们深入反思建筑设计本身在特定地域和文化环境中恰当的角色和作用。

空间对人的疗愈作用在藏区文化和藏式建筑中历史悠久。按照

图 1 威尼斯国际建筑 22 年展 OMA 参展作品

图 2 原屋顶方案

当地传统，人们通过在寺庙中进行的宗教活动获得精神关怀与慰藉，而藏药也往往要在寺庙中进行"加持"——积极的精神力量和心理作用在当地人的身心康复中扮演重要角色，而其产生又很大程度上依托藏式建筑特征鲜明且高度程式化的体形环境。该环境的空间模式、材料色彩和装饰细部等因素长期得到再现式的表达，从而使当地人逐渐建立起对其近乎条件反射的心理和情绪反馈。基于地域文化环境的这种特殊性，我们在设计伊始就把充分尊重当地文化习惯与使用需求作为设计原则放在首位，而该建筑医疗康养的功能属性，更使这种尊重显得切实必要。

历史上，由洛克菲勒基金会于 1921 年创办并长期资助的北京协和医院，其建筑由美国建筑师查理斯·A. 库利奇（Charles A. Coolidge）设计，外观形象运用中国传统建筑语汇，而内部空间则完全符合当时最前沿的西式医疗流程要求，被称为"Western Medicine in a Chinese Palace"（中国宫殿里的西方医学）。[①] 套用此句式，康复中心形式语言的设计初衷，概而言之，即试图回应项目医疗康养功能对中藏医及现代医学的涵括，实现一种"藏式寺庙"里的康复医学。

不仅如此，作为外省援建项目，康复中心项目的建设实施主体亦较为复杂多元，系由当地卫生系统牵头，外省中医药大学和科研机构等合作提供支持。在这种背景下，康复中心的建筑设计从一开始就不是一个单纯的建筑学问题，其目标超过一般功能、技术或审美的专业范畴，其过程也始终是多方参与、动态变化的。这里以建筑主体部分屋顶形式的确定和外墙材料工法的选用为例。

我们最初的方案设计，力求以继承、创新的方式对当地建筑传统进行恰当得体的创造性表达——建筑外部形象由以门诊、医技等功能组成的红色体量和以住院、康复为主的白色体量组成（图2），并无高起的金色屋顶，而是仅以中庭顶部的天窗使光线进入大厅空间。建设方看到方案后，要求增加类似藏式寺庙建筑金顶的标志性屋顶形象，因而我们提出了以铜制装饰板为外完成面的

抽象几何形式屋顶方案，并获得了认可（图3）。而在项目进入技术设计阶段后，建设方又进一步要求将屋顶修改为更具象的呼应传统的形式，经过反复沟通和设计上一定程度的妥协，形成了最终的实施方案（图4）。

在建筑外墙材料工法的选用上，综合考虑造价控制和完成效果，我们本拟按照标准化做法统一采用外墙涂料。但在施工过程中，当地施工队伍难以达到该做法较为精确的施工要求，在红白两色交接的阳角等位置，不规整的涂料界线直接影响建筑整体观感。针对此情况，经与施工方沟通配合，我们将窗洞口侧壁等红色涂料区域调整为铝板饰面，并增加相应的构造细部，从而保证了施工完成度，也意外获得了较原方案更丰富的建筑语汇和表情。

从上述设计和实施过程不难看出，由于项目地域文化环境和建筑功能类型的特殊性，康复中心的设计相较于我们一贯的形式语言更加地方化，而其最终落地的结果又比我们原本的设计方案更趋具象折衷。虽然就形式的纯粹性而言，这与我们的预想有所出入，但从更宏观的层面视之，该结果又未必不是合适甚至更佳的。对于一座建筑，综合考虑其从设计到建成乃至使用全过程的经济、社会和文化效益的方方面面，建筑设计本身的完美是不是其中最重要的呢？建筑作为一件作品的所谓尽善尽美，是否会影响甚至阻碍其他方面效益的达成，因此反而妨碍了建筑作为一个远超建筑作品本身的综合整体的最佳状态的达成？以建筑师为主体进行的建筑设计活动应该控制在一个什么样的范围和程度？这些问题无疑是值得认真探讨研究的。我们感到，在特定语境下，作为纯建筑学的建筑设计似乎存在一个"止于至善"的问题——在项目全局更广阔的图景中，建筑师及其专业实践并非也不应是万能的，其纯建筑学的坚守和追求或许需要"知止"，并在平衡各方诉求的过程中寻找一个最适宜的"度"，从而获得建筑在其物质及文化环境中更综合广义的和谐得体——这是康复中心项目设计给予我们的一个宝贵启示。

图 3　抽象几何形式屋顶方案

图 4　屋顶实施方案

三、思考：走向地域

　　海北州中藏医康复中心的设计有意识地脱离现行惯例，映射地域传统，可以看作地域主义思想的反映，而经过对我们近年在西部地区一系列建筑作品的梳理总结，我们也逐渐形成了一些对地域性建筑实践的看法。

　　自 1970 年代末"批判的地域主义"诞生以来，该思想作为同时对抗并调和追求普世理性的现代主义和诉诸历史符号的后现代主义二者的第三条道路，乘当时方兴未艾的人文地理学思潮风靡国际建筑界，并通过学术研究与设计实践被引介到国内。随着后现代主义昙花一现后的淡出，今天的建筑设计实践往往要在现代主义和批判的地域主义之间做出选择，而建筑师正越发视后者为答案。然而问题是，所谓"批判的地域主义"也存在自身的矛盾与困局——由于与现代主义同为一种集体性叙事，其恰有可能又作为新的"范式"抑制了更生动、灵活、自主、实事求是的设计活动，从而背离地域性实践的初衷。如果说"地域主义"是对"现代主义"的批判，而"批判的地域主义"又试图对"地域主义"有所修正，那么在此之后，以 Rafael Moneo 拒绝被归入"批判的地域主义"之列而仅将自己的实践称为 reflective design 为始[2]，更多进一步淡化理论的"无主义"建筑师所进行的回应建筑内外条件的独立实践，则是对所有宏观主义与乌托邦的一次整体全面的否定和超越。这种新的实践状态有时被理论化为"在地""在场"等名称，但任何统称其实都不如其中一个个有道理、有质量、有创见的设计实践更加重要而有意义。

　　事实上，对地域传统的认知往往存在着微妙的内外差异，并且因不同项目的具体情况而不同。对于康复中心项目，尽管我们作为来自外部的建筑师追求对藏式建筑语汇进行抽象化的新表达，但本地人却因更自知其文化传统对医疗空间的重要性而希望尽量保持藏式建筑语汇的清晰可辨。对于另外一些项目，情况却可能恰恰相反——尽管外来建筑师对地域传统抱有极大热忱，但本地人却对外来的"先进潮流"兴趣浓厚。在一个又一个项目中我们越发体会到，这些来自地域内部的真实诉求才是所谓的地域，并应得到比目前更多的尊重、理解和回应。唯有如此，进行地域实践的建筑师才能挽救自己于动辄失当的窘境，既避免因肤浅写仿、主观猎奇而落入博览异域风情、无视技术发展的俗套，又避免因片面坚守、过度追求而陷于无视当地需要、一味趋新求异的偏执。我们认为，无论是"地域主义""批判的地域主义"或正在出现的更多修辞各异、差异化表达的新地域主义，都应保持一定程度的理论克制与自觉，把注意力真正转向地域本身，即从地域主义走向地域。地域性建筑不应是任何固定的形式符号已成共识，同理，其设计实践也不应以任何僵化的价值观和方法论进行。建筑师需要摆脱自上而下的习惯姿态，尝试以由内而外的视角和审慎务实的态度进行创作，打破刻板教条的限制，走出笼统空泛的抽象地域概念，以期创作出既属彼地、亦属此时，符合场所特色和时代要求的好作品。

注释
① 出自约翰·齐默尔曼·鲍尔斯（John Z. Bowers）介绍协和医院的专著书名。
② 渊上正幸. 现代建筑的交叉流——世界建筑师的思想和作品 [M]. 覃力，等译. 北京：中国建筑工业出版社，2000.

作者：刘玉龙，祝远
原文发表于《建筑实践》2022 年第 1 期，有改动。

B15 医疗中的人本主义及其建筑折射
Humanism in Healthcare and Its Reflection in Architecture

一、人本主义的内涵

1. 思想核心

人本主义是一个涵义宽泛的思想体系，其核心是把人作为思想的根本。哲学家席勒说："我们不妨给人本主义下这样的定义，人本主义就是对于下面这个见解的系统一贯和有方法条理的发挥：每一种思想都是一种个人的行为，做这个行为的是某个思想者，而对于这个行为是可以要让他负责的。这个见解以下面的这个无可否认的事实作为依据：除非通过某个人的心灵的职能，并把它自己托于某一思想者的整个的人格，而且至少得似乎是满足了某种目的，那么，任何思想出现于这个世界乃是心理学上的一件不可能的事。[1]"

2. 模式及作用

有学者提出，人与宇宙的关系可以分为三种不同模式：第一种模式是超越自然的，可以称为"神学的模式"，集焦点于上帝，认为人是神创造的一部分；第二种模式是自然的，即"科学的模式"，集焦点于自然，把人看作自然秩序的一部分；第三种模式是"人本主义的模式"，集焦点于人，以人的经验作为人对自己、对上帝、对自然了解的出发点。[2]

以上三种模式在不同的历史时期此消彼长、各有主次，而不是一种完全替代的过程。中世纪人仰望上帝的神性，思索灵与肉的升华，神学的模式占主要地位；人本主义的模式虽源自古希腊，但到文艺复兴时期才开始形成比较现代的形态；科学的模式则是在17世纪开始形成，这也说明了为什么在近现代科学大发展的时期，反而会显现出人本主义思想的缺失，因为科学模式并不能替代人本主义模式，它们之间既是相互分离又是相互促进的关系。

从历史上看，人本主义是"入世"而不是"遁世"的学说，人们生活的目的是"此世"而不是中世纪所想象的"彼世"，这本身就是一种历史的观点，而非玄学的观点。文艺复兴时期人本主义者最关注的话题是积极生活和沉思默想生活的比较。身为人本主义者的建筑师阿尔伯蒂写道："我相信，人不是生来虚度慵懒岁月的，而是要活跃地从事丰功伟业。"

人本主义者认为，虽然命运是无常的（不是基督教所认为的"天意"），但人们具有不对之屈服的美德和力量，阿尔伯蒂等指出，"人只要有足够大的胆量是能够制服命运的"，他们强调人的创造力和塑造自己生活的能力。

3. 基本特征和方法

英国学者阿伦·布洛克概括了人本主义几个方面的特点：

第一，神学及科学的观点都不是以人为中心，人本主义则集焦点于人身，以人的经验为出发点。这不排除对神的秩序的宗教信仰，也不排除把人作为自然秩序的一部分作科学研究，但是认为这些信仰（包括我们的价值观）甚至我们的全部知识都是人的思想，是从人的经验中得出的。

第二，每个人在他自己的身上都是有价值的，即人的尊严，其他一切价值和人权的根源就是对此价值的尊重。要发挥人的价值，就需要解放人的潜在能力，人的潜在能力则要通过教育和提供个人的自由这两方面得以发挥。

第三，人本主义重视思想，一方面认为思想不能脱离它们的社会和历史背景形成和加以理解；另一方面也不能把它们简单地归结为替个人经济利益、阶级利益或其他方面的本能冲动所作的辩解。马克斯·韦伯关于思想、环境、利益相互渗透的概念，最接近于对人本主义关于思想的总结，即它们既不是完全独立的，也不是完全派生的。

人本主义在方法上偏向于历史的解释方法，而不是哲学分析的解释方法。研究人类现象的正确途径是通过历史科学，研究语言、法律、文学、宗教、神话和象征、制度，历史科学的正确对象是群体和它们的文化，每一个民族、时期、文化、社会按其特点来说都是独一无二的。

二、人本主义的医学意义

1. 人本主义思想贯穿于人类社会的各个方面

人本主义者对科学的反思宽泛地说，正如日本学者池田大作所说："从有机的对人的观点来看，森罗万象皆与人不无关系，一切都互接关联到人应该如何生活这一问题。说来，这就是基于人本主义的'恰如其分'的思考方法。正如所谓'为人的科学''为人的政治、经济、意识形态'等，经常返回'人'这一基点，看看是否'恰如其分'，验证一切现象的意义、善恶和盈亏。[3]"

伴随着科学主义的发展，工业文明和现代化给人类生活带来了巨大的变化。现代西方人本主义思潮则在现代文明的发展中开始反思。卢梭提出，科学和技艺的发展不仅压抑了人性，而且造成人类的道德沦丧；席勒也认为，随着工业文明的兴起、发展以及工厂制度的建立，人似乎已成为机器上的一个零件，其生存的本来意义丧失殆尽。现代工业化所实现的物质—技术层面的解放，是以人性和人的本质受到更深刻的压抑和异化为代价的。[4]

2. "疾病"与"病人"

在医学发展的历史上，对于如何看待病人的讨论开始于19世纪中期，当时的全科医师对于很多疾病无能为力，人们开始思考医学的功用是什么。有人提出，医学的目标是科学，而不是人学。持这一观点的人认为，医学是开拓、科学地建立在自然、物理和化学研究基础上的人体状况的学说，因而医学的根本责任不是治愈病人，而是研究医学科学的内容和发展机制。

持相反观点的人认为，医生应当坐下来聆听病人诉说病史并耐心建议病人如何处理自己的问题。维也纳的诺色格尔1882年在就职医学教授的演讲中说："我再次重申，医学治疗的是有病的人而不是病。"德国的医学教授库思茂曾说："医生检查和治疗的是'病人'，而不是'病例'。"1941年，哈佛大学医学院为此专门开

设了"把病人当人"的课程。

伴随着医疗技术手段的发展，医学的目标一直在"疾病"和"患病的人"二者间左右摇摆。1950年代，医生对影像学和试验测试手段越来越注重，之前的关注病史记录、用手进行检查等方法却被忽视，随之而来的是病人对医生非人性化诊疗方式的失望和愤慨，医患之间的对立愈发严重。随着机械论逐渐过时，在人本主义观念高涨的当代，越来越多的人开始探究医学在科学化之后的人本主义目标。有学者这样阐述对科学医学的怀疑："现代医学已经走向了错误的道路……医学院培养出来的学生是把自己看成是科学家的医生，而不是病人通常所需要的能关心人的医生。[5]"

我们平常所说的关心病人，往往都是"施与"的，并没有从病人本身出发。这两者在方法的层面上相同或相似，但是在观念上却有着很大差别。以"施与"的价值观代替病人的价值观，正是医学与社会、伦理、文化传统产生摩擦的重要原因。

医疗中的人本主义有其特定的含义，医疗本身所面对的就是人的生命，是指向人的主体生命层面的终极关怀。人本主义本质上应当是科学医学与真诚情感的有机结合。对病人的人本主义关怀应珍视人的自由与全面发展的关怀，人本主义的医疗观念同整个人类文化的意义和价值联系在一起，因为无论是科学文化还是人文文化，对于人的自由和全面发展来说，都具有不可取代的意义和价值。在医疗活动中，人本主义的观念大概体现在这样几个方面：

首先是对病人的生命的尊重。这是医学人道主义最基本的思想，《黄帝内经》中有语："天覆地载，万物具备，莫贵于人"；1975年第29届世界医学大会形成的《东京宣言》也指出："实行人道主义而行医，一视同仁地保护和恢复躯体和精神的健康，去除病人的痛苦是医师特有的权利，即使在受到威胁的情况下，也对人的生命给予最大的尊重，并绝不应用医学知识做相反于人道法律的事。[6]"这些观点强调，所有的医疗活动，不论从任何角度出发，最终关注的对象都应是生命。

其次是对病人的尊严的尊重。现代医学之所以被人们批评，就是因为其过于科学化的倾向导致医疗活动更多考虑的是医学职业的发展而不是人的利益。因此在当代医疗活动中，我们需要逐步矫正现代医学发展的偏激之处，从传统医学中寻找智慧。

再次，人人享有平等的医疗权利。医疗保障是"最高水平的保障"，医务工作者不能以任何借口"见死不救"，剥夺病人的医疗权利。同时，医疗的所有参与者都应意识到，在医疗中技术能够做到的，并不一定都是人类需要的，也不一定都是合乎人类理性的，人们对生命的认识程度仍很有限，在许多领域还有待人文学的方法予以补充。[7]

总而言之，从医学的历史看，由床边医学（bedside medicine）到医院医学（hospital medicine）再到实验室医学（laboratory medicine）的发展过程，在使医疗活动更加科学化、准确化的同时，也逐渐强化医生对病人的权威和责任，消减病人在医疗过程中的主体性。到了当代，人的主体性得到了重新认识和强调，人本主义思想对当代医学的发展产生重要影响，医学的观念、理论、教育和应用都逐渐反映出其基本理念。在医学观念上，"生物心理社会医学模式"被广泛接受，安乐死、临终关怀等观念引发更多关注；在医学理论上，生命伦理学、人文医学逐渐兴起；在医学教育上，人文医学的教育得到加强；在应用医学上，"以病人为中心"的方针被提出，病人选择医生的方式被实现，知情同意权等病人权利在法律上被明确，整体护理得到进一步发展……人本主义思想在当代医学得以体现，对医疗建筑的发展也产生了直接影响。

三、现代医疗建筑的人本主义反思

1. 现代医疗建筑的特点

现代医疗建筑应工业社会而生，是科学医学和现代医疗制度的建筑表征。其发端于欧洲工业国家，是适应大量人群的疾病治疗和健康保障的建筑体系。现代医疗建筑脱胎于传统"教堂依附型"的医院形态，一方面顺应了医疗技术和建筑技术的发展，另一方面也遵循着现代主义建筑发展的一般特征。其特点和成就表现在以下几个方面：

第一，大型综合性医院建筑的设计和研究，满足了人流量病人的需求。由人口聚集、疾病谱变化引发的医疗建筑新的建设要求，是现代主义之前所不曾遇到过的。与时代所需而兴起的大量现代住宅的建设相似，医院作为一种现代建筑的类型也得到了较快的发展。

第二，通过研究这类建筑复杂功能和流线，设计者与建造者综合运用建筑设计和设备机电设计等方法，在建筑空间模式、建筑设备标准及建造技术上都有新的突破，满足了复杂医疗设备和技术的要求，建筑品质达到了新的高点。

第三，区别于中古建筑依附于教堂、神庙而不表现其内容的折衷主义形象，在适应和表现功能的思想下，现代医疗建筑作为新的类型，呈现简洁和高效的新形式。

从总体上来说，现代主义设计适合并引导了工业时代的社会需求，具有理想化的特征，同时也存在对以人为本的观念重视不足的问题，这一方面是由于工业社会人流、物流高度集中的社会特征所限，另一方面则源于现代主义建筑观和设计方法对科学主义的过分强调。

2. 现代医疗建筑内涵的当代拓展

从人本主义的观念看，现代医疗建筑在建筑内涵、设计思想及设计方法上还有待进一步提高。现代医疗建筑适应并反映了工业时代的医疗模式，这种模式也体现社会发展的必然性，那时的医院可以看作是把医生和医疗仪器设备集中在一起而形成的有效率的机器。这在工业时代确实是有效的，因为零散分布的医生单凭个人的见解水平和有限的设备辅助与大医院医疗水平的差距是明显的。但是，随着信息社会的发展，情况发生了变化，集中的大型诊疗设备可以把信息快捷方便地传送给每一个个体医生，医疗费用、管理、医生的诊断结果等又可以很方便地从各处汇集于处理中枢。工业时代物态大集中的模式是否还有必要，成为一个亟待讨论的议题。

此外，随着疾病谱的变化和医疗技术的发展，医疗建筑涵盖的内容越来越多，导致设计难免会考虑不周，其根本原因在于建筑规模过于集中、功能太过复杂，亟待在新的社会形态下得到改善。

3. 人本主义思想下对现代医疗建筑的批判

（1）设计思想的局限性

现代主义国际式设计思想的局限性主要表现在以下两方面：

第一，建筑师把自己当作改变社会现状的拯救者，设计的出发点是"教会"人们如何生活，而不是向日常生活"学习"，从而导致他们缺乏探求建筑使用者真实需求的责任心。

福柯指出，近现代以来的西方医疗发展凸显了一个重要的特征，即"委托托管"的传统。他认为这种特征直接起源于法国大革命时期，当时通过集中教会医疗资源建立了一项"救助基金"，医生开始在各种救助的组织活动中扮演一种决定性的角色。从此医生和病人之间开始形成一种托管关系，病人生病后就要把自己委托给医生全权处理病症和其他相关事务。

在这种医疗体系中，医院呈现全面反映医疗委托托管特征的形态，是"一种有区分的空间，这种区分根据两个原则：一个是'编排'（formation），即制定每个医院照看一种特殊病人或一类疾病；另一个是'分配'（distribution），即在每个医院里按照这一原则决定'安排人们应当接受的不同类型病人'的次序"。这样，"在医院医生的目视之下，疾病会分门别类地组成'目''属''种'等合理化的区域"[9]。

医院对病人的委托托管传统，在现代医院建筑设计上表现为对功能流程的强调，其本质还是以"控制"的思想为主。在这样的流程里，病人被流线、效率和整齐划一的环境所限定，作为疾病的载体在医院中流动；医生作为现代科学医学的代言人对病人发号施令。建筑设计的研究和结果无不强调这种医患关系。"托管"和"控制"的思想忽视了人的需求，这也是现代大型医院的主要问题。

第二，现代主义建筑大师的追随者们往往拘泥于口号本身，采用简单僵化、教条式的方法进行设计。他们对"形式追随功能"中"功能"的理解过于狭隘，往往仅限于设备仪器的使用要求，而对于应转化为功能需求的病人的要求却不予重视。

对于医疗建筑功能内涵的理解，实质上是两个基本的选择：一是当仪器设置要求和病人需求发生矛盾时，哪一个是更重要的问题；二是施与者（医护人员）和受与者（病人）的需求哪一个是更重要的问题。对这两个问题，现代医疗建筑的求解往往都是重视前者（即仪器和医疗施与者）而忽视了后者，这种局限性必然导致对病人的需求重视不足。

（2）设计方法的批判

在建筑设计方法上，现代主义建筑初期对人的行为的研究是建立在简化、模型化的基础上的，包括柯布西耶的"模数"也是一种忽略了个体因素的抽象模型，这逐渐发展成忽略特殊性、强调普遍性的抽象主义的简化设计。在医院设计中，有一阶段风靡在病房中设计固定的家具，这满足了建筑师标签式的设计表现需要，使得室内简洁、干净且具有现代感，但对病人而言并无益处。在环境行为学等学科兴起之后，人们才逐渐认识到简化倾向的局限性。

总体看来，现代医疗建筑是"控制"和"施与"型的，它起源于历史上"教堂—医院"的空间一致性。到了科学医学的时代，现代医疗建筑剥去了"教堂—医院"的崇高性，通过对功能的研究和在设计中对功能的强化，提供给病人高效率、专业化、简洁一致性的空间，但是"控制"和"施与"的性质却没有改变。对这些问题的修正促使人们提出"生物心理社会医学模式"以及"以病人为中心"等医疗观点,其实质是人本主义思潮在建筑设计上的体现。

四、展望——注重建筑的人本属性

如果以人本主义为主线分析医疗和医疗建筑的发展历程,我们可以看出,传统医疗和医疗空间具有朴素的人本主义属性;而近现代医疗和医疗建筑在发扬科学医学成就的同时,也继承了科学医学和功能主义建筑重视疾病和技术却忽视人的心理需求的缺点。随着当代经济社会的快速发展,医疗建筑设计开始关注病人的心理需求和社会需求,这与近年来国际上普遍关注人本主义思想、呼吁重新发现传统医学价值、回归整体医学的思潮相一致。

医学技术和医学模式的变化,对医疗建筑的发展提出了新的要求。随着"生物心理社会医学模式"的建立,病人已不仅仅是抽象的疾病的载体,而是有着各种社会环境背景的活生生的人。看待疾病不仅要从生理机能上入手,还要以社会环境为背景进行分析;治疗疾病既要从科学医学的角度来考虑,还要关注病人的心理需求。从"以疾病为中心"转变为"以病人为中心",注重对生命内在质量的关怀,注重对人类的关怀,就是人本主义的医疗观在医疗活动中的应用与体现。

就中国当前情况而言,借鉴西方当代医疗建筑发展经验,针对当前社会需求,当代医疗建筑在规划上迫切需要运用多种手段形成资源平衡的医疗空间布局;同时在设计方法层面,需要根据医疗设施中不同人的使用需求,采用适当的设计策略,其中最为特殊的是

由于人口众多而形成的大量一般病症的医疗需求问题,需要采取适宜的设计方法以求得医疗效率和医疗质量的平衡。

在医疗建筑的发展中,建筑与人的关系将是一个永恒的话题,医疗对病人不是"施与"的照料和"控制"的治疗,而是要为他们提供能动而非被动的生活,因而医疗活动应当是科学医学和人本主义的有机结合。医疗建筑设计最重要的是以人为出发点,将其对功能和心理的需求结合起来,在功能主义的基础上,向重视建筑的文化价值和人本意义方向发展。

参考文献
[1]F. C. S. 席勒. 人本主义研究 [M]. 麻乔志, 王清彬译. 上海:上海人民出版社, 1986.
[2] 阿伦·布洛克. 西方人文主义传统 [M]. 董乐山, 译. 北京:生活·读书·新知三联书店, 1997.
[3] 池田大作 . 人本主义大地万里无限 [R]. 深圳大学, 1994.
[4] 李瑜青, 等. 人本思潮与中国文化 [M]. 北京:东方出版社, 1998.
[5] 罗伊·波特. 剑桥医学史 [M]. 张大庆, 等译. 长春:吉林人民出版社, 2000.
[6] 刘虹, 张宗明, 林辉. 医学哲学 [M]. 南京:东南大学出版社, 2004.
[7] 陈维进, 李丹. 试论医学人文精神 [J]. 中国医学伦理学, 2002(3).
[8] 米歇尔·福柯, 临床医学的诞生 [M]. 刘北成, 译. 南京:译林出版社, 2001.
[9] 威廉·F. 拜纳姆. 19 世纪医学科学史 [M]. 曹珍芬, 译. 上海:复旦大学出版社, 2000.
[10] 程之范. 中外医学史 [M]. 北京:北京医科大学, 中国协和医科大学联合出版社, 1997.
[11]MILLER R L, SWENSSON E S.Hospital and healthcare facility design[M]. New York and London: W. W. Norton & Company Ltd., 2002.
[12]VERDERBERS, FINE D J. Healthcare architecture in an era of radical transformation[M]. New Haven and London: Yale University Press, 2000.

原文发表于《城市建筑》2007 年第 7 期,有改动。

B16 疗愈——走向医疗建筑的一种日常化精神性
Care: Towards a Secular Spirituality of Healthcare Architecture

一、医疗建筑：天生的日常性和缺席的精神性

第 17 届威尼斯国际建筑双年展上，大都会建筑事务所（OMA）在一个状如临时病房的展厅中放映其名为"未来医院"（*Hospital of the Future*）的短片，分享对于医疗建筑未来的思辨：回应人们对医院环境的反感，以医疗服务替代医院建筑，化医院为不必去的"非建筑"——面对医疗建筑长期"去建筑化"所带给人们的不适，OMA 试图以其一贯的激进批判性将错就错，索性将医疗建筑排除在建筑行列之外。长久以来，因其自身功能特点，医疗建筑在日常性与精神性的天平上自然倾向于前者，过程中虽也经历过"府邸式医院"（manor hospital）以其古典对称、富于装饰的外观传达慈善价值和社会理想的尝试，但医疗建筑的精神性终因历史形式无法兼容医院的功能需求而让位，乃至走向缺席。[1] 然而值得注意的是，在专为医疗功能而设计建造的医院建筑诞生之时，以意大利米兰的 Ospedale Maggiore 等医院为代表，居于其十字形平面中心位置的，是向四方传布弥撒祷告的圣坛（图 1、图 2）。[2]

当下，医院中的圣坛早已被护士站所取代，而随着医疗功能的日益复杂和医疗科技的快速发展，医疗建筑正面临进一步沦为功能容器而丧失其自身建筑学价值的威胁——即便其设计中对人的精神、情绪和心理状态有所关怀，亦常停留在装饰装修、"软化"处理的层面。然而实际上，几乎任何曾与医院有过任意形式接触的个人，都大概率体验过其中悲喜忧欢的情绪浓度，从而都不会否认，医院作为患者、家属和医护人员等多方共同面对健康与疾病、生命与死亡等命题的场所，其精神性之强烈与恒久，其实是其他建筑类型所不及的。这种精神性及其对医疗建筑空间的需求，却如室中大象，遭到长期普遍的忽视。日常性对精神性的胜利，固然是更广阔社会背景的一部分，然而其在医疗建筑的语境中，依然需要得到系统性的反思。

二、设计实践：疗愈，或一种日常化的精神性

医院一旦走向"非建筑"，诚然可以规避医疗活动对人精神的冲击影响，但也同时使人丧失了通过建筑环境得到精神上疗愈抚慰的机会。我们对医疗建筑的未来并不如此悲观，而是提出一种属于医疗建筑且可以通过建筑空间设计达成的"日常化精神性"，志在使医疗建筑回归建筑的行列，在功能的便捷高效外，以不可替代的空间质量，给其中各类使用人群以人文关怀和精神慰藉，从而使建筑学和医学一道，贡献于对人综合广义的"疗愈"。如此，医院自身亦有望得到重新定义，挣脱人们一贯的消极印象，而真正成为一个令人满意的社会服务机构和市民公共场所——医疗建筑不再仅仅是疗愈的发生场所，而是成为疗愈的一部分。

1. 北京老年医院医疗综合楼

北京老年医院为市属三级综合医院，地处西山脚下京密引水渠畔，是北京市少有的花园式市属公立医院。医疗综合楼位于其院区南部，功能包括门诊、医技、住院及医疗办公和后勤辅助设施（图 3～图 5）。

（1）两分法

建于 1975 年的普伦蒂斯妇女医院（Prentice Women's Hospital），其建筑上下二元异质：长方体形状的下部，空间灵活可变，容纳复杂功能，服务全体公众；而四叶草平面的上部，空间特异细分，容纳病房单元，服务病患个人。该医院提供了一个原型，一种建筑空间和形式上的两分法，以解决医疗建筑中门诊、医技部分和病房部分对空间要求彼此不同甚至相反的问题，同时获得良好的医疗工艺和充分的人文关怀，可以看作一个使医疗建筑超越其功能容器状态，获得空间品质和形式表现的答案。[2]

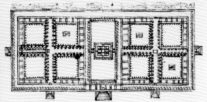

图1 左：OMA 威尼斯双年展参展作品；右：Ospedale Maggiore 平面图

图2 普伦蒂斯妇女医院外观及
立面图

图3 北京老年医院医疗综合楼鸟瞰实景照片及总平面图

图4 北京老年医院病房单元实景照片及平面图 [3]

医疗综合楼的设计尝试发展这一原型，回应项目的充足用地和优美环境，代之以一种水平方向、以建筑服务对象为依据的两分法：一个十字形布局、对外服务的医疗主楼，和一个矩形平面、后台运行的医技辅楼。

（2）八角病房

医疗楼的设计从追问"理想的老年病房应该是什么样"这一基本问题出发，通过在房间外端附加半八角形的扩大化类飘窗区域，获得一个较以往光照更好、视线更佳、布局不同的全新病房单元。其中，由于房间更丰富的几何形状，空间角度和方向得以增加，每张病床在共享一个大窗的同时均获得一个专属自身的小窗，同时与其他病床的位置关系更佳——患者同心相向，而非如惯常模式平行排列，从而既在心理上可以相互支持、有所归属，又得以保持各自隐私，与他人保持更大的物理距离。建筑病房楼整体向自然景观开放的十字形空间布局，曲折进退，形成气候边界的平面轮廓和凹凸起伏的立面形象，均是上述新病房单元按照形式逻辑进行理性组织的自然产物——窗中西岭，床前银杏，更多的自然美景被引入室内，框成一幅幅恬静美好又富于生气的风景画。这座建筑身为老年医院、地处优美市郊的特点被真实充分、合宜得体地展现出来。

（3）家

更重要的是，北京老年医院的设计自始至终坚持着这样一个理想：不仅是完成一个治疗老年疾病的先进设施，而是营造一个让患者、家属乃至医护人员等所有建筑使用者都感受到尊重、关怀与呵护的温馨家园。在便捷高效的诊疗服务和完备多样的康复设施等"规定动作"之外，一种"家"般的场所精神和"社区—家庭"式的空间氛围，通过自然充沛的阳光空气、优美宜人的景观环境、开放疏朗的布局姿态、细腻温暖的建筑语言和体贴周到的细节设计建立并传达出来。医疗建筑获得了居住的诗意——亲切、放松，一种日常化的精神性——是医院，也是家园。

2. 青海海北州中藏医康复中心

海北州中藏医康复中心是集医疗、康复、养老于一体的综合医疗平台和二级甲等医院。海北州为藏族自治州，3 万平方公里州域内人口少，海拔高，空气清冽稀薄。建设方希望康复中心在满足当地医疗需要的基础上，依托藏医特色并挂钩旅游资源，发展特色鲜明的康养产业（图6、图7）。

（1）合院

康复中心的设计回应项目功能及用地条件，借鉴藏式传统建筑原型，采取分散化、庭院式、水平延展生长的总图布局——门诊、医技、住院、康复和办公等功能被安排在室内外一系列或封闭或开敞的合院空间中，其间以室内外连廊相交通，而围合庭院的单体建筑尺度小巧、进深紧凑，在保证建筑功能合理划分和有效联系的同时，获得良好的公共活动空间、优美的视觉景观环境和舒适的自然采光通风。这一内向性的建筑群落，以自身的空间结构和尺度，予人以围合感、领域感和安全感，与荒凉空旷的外部环境形成对抗与平衡。

（2）寺庙

空间对人的疗愈作用在藏区文化和藏式建筑中历史悠久，因而在医疗建筑中重新结合医学与建筑学，使建筑环境以其精神性发挥疗愈人身心的作用，在康复中心的设计中有着天然的条件。按照当地传统，人们通过在寺庙中进行的宗教活动获得精神关怀与慰藉，而藏药也往往要在寺庙中进行"加持"——积极的精神力量和心理作用在当地人的身心康复中扮演重要角色，而其产生又在很大程度上依托藏式传统建筑，尤其是藏式寺庙建筑特征鲜明且高度程式化的体形环境。该环境的空间模式、材料色彩和装饰细部等因素长期得到再现式的表达，从而使当地人逐渐建立起对其近乎条件反射的心理和情绪反馈。

基于地域文化环境的这种特殊性，我们在设计伊始就把充分尊重和顺应当地文化习惯与使用需求作为设计原则放在首位，而该建

图5 北京老年医院医疗综合楼实景照片

图7 藏式传统建筑大昭寺平面图及照片

图6 海北州中藏医康复中心室外鸟瞰及门诊大厅中庭实景照片
（左：孙博怡 摄；右：李炎 摄）

图8 广义的"医院"，或一种新的建筑分类学图示

筑医疗康养的功能属性，更使这种尊重显得切实必要。

历史上，由洛克菲勒基金会于1921年创办并长期资助的北京协和医院，其建筑由美国建筑师柯立芝（Charles A. Coolidge）设计，外观形象运用中国传统建筑语汇，而内部空间则完全符合当时最前沿的西式医疗流程要求，被称为"Western Medicine in a Chinese Palace"（中国宫殿里的西方医学）。[3] 康复中心建筑的设计初衷，亦可概括为实现一种架构于当地独特文化传统基础之上的空间疗愈，即"藏式寺庙"里的康复医学。

采用与前述北京老年医院项目类似的两分法，呼应藏式传统寺庙建筑形式语言，康复中心建筑由住院、康复功能的白色体量和门诊、医技功能的红色体量组成。红色体量中心的门诊大厅由门诊和医技用房环绕拱卫，可以看作合院的封闭型变体，其在建筑外部以经过几何抽象的金色屋顶为表征，自然光线透过天窗，向室内三层通高、中心对称的中庭空间倾泻而下，变奏出温暖明亮而又充满精神性的空间氛围，成为整组建筑的焦点与高潮，以人文主义的关怀贡献于康复中心对人身体和心灵的疗愈，而在此过程中，医疗建筑也完成了自我救赎，实现了对其自身"建筑"本质属性的回溯与复兴——医院，日常如故，但以一种近乎宗教的精神性，成为一种寺庙。

三、超越类型：广义的"医院"，或一种新的建筑分类学

在巴塞罗那，与高迪的圣家族大教堂遥遥相对的是蒙塔内尔（Montaner）的圣十字医院——一座"像注重疗愈一样注重美"的医院。[2] 毋宁说，美是疗愈的一部分。两座建筑，一宗教一世俗，前者高耸入云，后者则以45度的特异角度水平地插入城市肌理，仿佛一个关于纯粹精神性和日常精神性的隐喻。

疗愈是日常性与精神性的对立统一体，故而日常化的精神性可以视作医疗建筑的一个特质，也是其重归建筑行列的重要锚点。事实上，以疗愈为视角，医院作为一种建筑类型，其外延将可大大扩展。限于篇幅，本文仅将一种新的建筑分类方式在此初步简单提出，作为结尾，也作为医疗建筑乃至所有建筑未来设计与研究的起点——建筑可以分为两大类：服务人类认识世界、改造世界的建筑，和服务人类自身身心疗愈的建筑。在此框架下，无论一般被认为是纯精神性的宗教建筑，还是纯日常性的居住建筑，抑或是介于其间的文化、娱乐、体育建筑等，均可归入后者的范畴，从而构建一个同具疗愈作用而又各有侧重、共同服务于人类身心健康及复健（health and rehabilitation）的建筑类型体系——一种广义的"医院"（图8）。

参考文献

[1] PEVSNER N. A History of Building Types[M]. Thames and Hudson, 1979.
[2] MURPHY M, MANSFIEL D J, MASS Design Group. The architecture of health: Hospital design and the construction of dignity[M]. Cooper Hewitt, Smithsonian Design Museum, 2021.
[3] BOWERS J Z. Western Medicine in a Chinese Palace: Peking Union Medical College, 1917–1951[M]. The Josiah Macy, Jr, Foundation, 1972.

作者：刘玉龙，祝远
原文发表于《城市建筑空间》2023年2月，有改动。

B17 回顾与展望：中国医疗建筑的百年

Reflection and Perspective: 100 Years' Development of Chinese Healthcare Architecture

当前我国正处在一个新的医院建设期，国家每年用于医院基本建设的投资达人民币二百多亿元。根据统计，目前我国每千人口床位数 3.31 张，每千人口执业医师 1.75 人，注册护士 1.39 人[①]，较以前有了很大发展，但和高收入国家每千人口床位数 6.5 张，每千人口执业医师 2.7 人[②]相比还有距离。同时由于资源不均衡，医疗也成为人们焦点集中的"三座大山"（医疗、教育、住房）之一。如何建设高数量且均衡的、高质量的医疗设施是业界所面对的迫切问题。对医疗建筑的百年发展作一观察和评估，对当前的医疗设施建设具有参照价值。

一、1900~1940 年代，移植西方

西式医院在中国的兴起由传教开始，教会开办医院的目的就是使医疗活动"成为福音的婢女"。随着时间的推移，西医在中国逐渐得到了认可和发展。1913 年[③]中国大约有近 20 所教会医学院、近 300 所医院，约 500 名医学生，包括著名的仁济医院、中国哈佛医学院、同仁医院、德国医院（今北京医院）、协和医学堂、湘雅医学院及医院等。其中尤以北京协和医学院的发展为代表，被称为"协和模式"。

1915 年协和医学院提出的建设目标是："一、与欧美同水平的医学教育，包括大学课程；培养科研、教学和临床专家的研究生阶段；医师短期培训。二、研究型学院，特别是远东特有的病症的研究。三、对现代医学和公共卫生的推广普及工作。"[④]在重视质量而非数量、造就高质量的人才的目标下，协和在教育研究、临床、公共卫生等方面都形成较为完整的体系，逐渐成为"全亚洲第一的医学中心，"奠定了"协和模式"的时代和历史影响。[⑤⑥]

协和建筑由波士顿的建筑师查理斯·A. 库利奇（Charles A. Coolidge）完成设计，在总图上采用广厅式（Pavilion Style）医院模式，建筑面对校尉胡同和帅府胡同的丁字路口，建筑群不完全遵循中国传统的建筑布局形式，而是把交通流线作为主要考虑的因素，主要建筑包括病房楼均为东西向布置，几栋建筑中间由廊子串联起来（图 1 ~ 图 4）。在内部功能上，与同时代西方医院相类似，采用南丁格尔式大病房，这一建筑群在当时全世界范围也是高质量的。

二、1950~1970 年代，普及医疗

1958 年，中国普遍建立了县、公社、大队的三级医疗卫生体系，县一级设县医院，公社有卫生院，大队有卫生站。县医院是医疗、公共卫生、医教和科技指导培训的中心，并且有"巡回医疗"的职责。城市三级医疗网包括市级医院、区级医院、街道卫生所，其上还有省级大型医院。

这一时期，不少建筑师都是从国外留学回来，对西方的建筑学发展动向有较为全面的学习和了解，设计中体现了功能主义的设计思想。

武汉同济医院建筑平面略呈"水"字形，四个护理单元分布于四翼，并于中部集中，与各附属部分联系通畅。建筑形式表现了现代主义建筑风格特征，底层入口处外墙后退形成架空的柱廊，其上墙面为实墙并且略呈凹弧形，中部偏下开十字形窗，点出医院的主题。屋顶为花园，上面有自由形状的平台（图 5、图 6）。

据冯纪忠回忆，1952 年同济医学院长唐哲请他来设计，"另外内科主任过晋源、外科主任裘法祖都是朋友，朋友好多，所以这个事就好办了，医学上的我问他们，建筑设计都听我的"[⑦]。这段话说明在医疗建筑设计中，医学专家和建筑师共同配合的重要性，也可以说是最早的医疗工艺与建筑设计的配合，这在今天仍有其现实意义。

在当时的经济状况下，结合地方气候条件，采用自然采光和通风，基本上是所有建筑的首要设计要素。因而，南丁格尔式医院与

图1 协和鸟瞰

资料来源：Julia Heskel,《Shepley Bulfinch Richardson and Abbott: Past to Present》

图2 平台入口

图3 协和大病房

枝状空间流线的结合成为大型医院设计的首选布局方案。每栋建筑都采用小进深，多栋建筑之间用室内或室外的廊子及辅助用房形成相互联系（图7）。

三、1980 年代，高技术医疗

随着国家改革开放政策的推进，针对医疗建设普及有余而高端不足的现象，卫生部提出了向大型医疗机构和高技术医学发展倾斜的发展方针，在行业管理上也逐渐向企业化方向发展。医疗机构管理形式从原来的事业单位管理方式逐步发展为需要考虑经济效益，需要提高服务质量的"企业化"的管理方式，经济问题逐渐成为医院管理者首要关注的问题。在这样的背景下，医疗建筑也进入了较大规模的建设时期。

在这一时期，建筑设计的主流观念就是以较低的造价满足医疗功能的需求，提供各种空间来满足医疗硬件（设备、仪器）的需求，以及医生工作习惯的要求。功能的出发点是医生和医疗仪器，实现的目标是流线的简洁畅通。1984 年建成的中日友好医院是较为成功的例子。医院通过一条东西向的连廊，将门诊、医技、病房和康复、后勤全部联系起来，并预留了各部分发展的空间；门诊楼为带内天井的双廊式空间布局，每一科室中间走廊放大设二次候诊区，从而使病人得到有效的分流；病房楼采用双走廊内天井的形式，以形成内部拔风的效果，改善了建筑的通风（图8、图9）。

这一阶段，高层病房楼开始建设，根据统计，上海 1980 年代共建造 25 栋高层医院建筑。这些建筑在护理单元模式上做了充分的探索（图 10 ~ 图 12）。

四、1990 年代至今，医疗服务市场化

随着医药卫生体制改革进入以市场经济为导向的阶段，城市大型医院或通过政府支持，或通过贷款、自筹资金，大兴土木，其目的在于通过扩建空间、购置设备、提高诊断检查的水平，以扩大业务量，从而带来更好的收益。医疗机构的预防和生命保障理念逐渐让位于服务和效益回报理念。

在建筑设计上，通过医疗街空间将复杂医疗功能加以整合，以满足使用功能和心理需求。1993 年广东佛山市第一人民医院是我国较早采用此模式的建筑群，在建筑内部通过一条室内医疗主街将门诊、医技和病房串联起来，门诊楼内部挖四个院子，使每一条医疗街的门诊科室都有自然通风和采光，医疗街主要起到交通分流和空间识别的作用，在每一个门诊区设相对独立的候诊区（图 13）。

自佛山市第一人民医院采用这种模式后，更多的大型医院采用医疗街的设计形态，有的是为了形成干线交通识别空间，有的是注重营造"街道"的气氛，从而使医院空间给病人以亲切感，缓解病人的压力。如天津泰达国际心血管医院等（图 14、图 15）。

1. 当前：信息化与城市化推动的发展

当代伴随着信息化社会的到来，信息化社会中网络化的管理、个性化的产品、对服务的重新定义和重视等要素，促使社会生活的各个层面发生全面的变化。城市作为人类生活的载体也发生了重要的变化，从工业时代的集中型大城市向郊区化、分散化发展，同时形成大都市带的新型格局。人们生活模式的变化也对医疗建筑的规划布局提出了新的要求，具体包括三个方面：

一是城市化的进程和演变对医疗建筑的布局产生直接的影响。

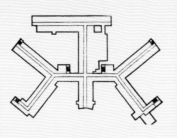

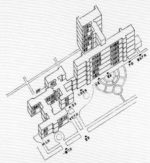

图4　1930年代西方大病房
资料来源：Richard L. Miller, Earl S Swensson,
《Hospital and Healthcare Facility Design》

图5　武汉同济医院总平面图

图6　武汉同济医院外观
资料来源：丹·克鲁克香克，《弗莱彻建筑史》

图7　北京大学第三附属医院轴测图

城市郊区化运动促使医疗机构适应郊区人口聚集带来的医疗保健需求，外迁到城市的郊区和新区中；大都市区和大都市带的形成要求大型医院由工业时代的面向城市居民的独立建筑向面向区域人口的医疗城、医疗中心转化，这些变化都使得原有的医疗体系和隶属关系也需要作适应性的调整。

二是信息化和网络化的发展带来医疗建筑形态的转变。

信息技术的发展使医院与医院之间的信息传递和联系变得更加方便，医院之间的从属关系也随之发生变化。同时，医疗信息化将对医院内部管理和建筑空间形态变化产生影响。首先是以财务管理为主建立医院管理信息系统，简称HMIS；其次是以临床为主，建立医学影响存取和存储系统（PACS），放射信息系统（RIS），临床检验信息系统（LIS），医生、护士工作站和电子病历系统等；最后是建立区域化的医疗卫生信息资源共享系统，实现电子病历、公共卫生及与相关行业的信息资源共享。

三是服务型社会的观念要求医生群体从高高在上的专家转变为普通的服务者。

相对于传统工业社会的批量规模生产的组织形式，信息社会采用的是一种柔性的生产体系，提供的是个性化的定制产品，购买者越来越看重针对个人个性化需求的产品和服务。在这样一个服务型的社会中，病人和家属开始要求对医疗服务的知情权，进而要求病人对医疗方案的选择权，要求医生能够提供针对病人个体需求的医疗服务。在这样一个服务型的社会中，科学医学所带来的医生的委托托管、控制主导的权利将逐渐被医生和病人之间平等合作的关系所替代。

2. 当前：医疗保障制度推动的发展

始于1980年代的中国医疗改革被人们称为"市场化改革"，

通过引入竞争机制达到了促进医疗机构提高效率的目的。但是也带来了所谓的"供方诱导需求"的弊端，医疗机构逐渐把维护生命尊严的责任和义务放在第二位，把赚钱放在第一位。医疗设施为病人服务的性质逐渐丧失，不能为多数人群提供高质量的服务，因而遭到人们的广泛批评。

2009年发布的《关于深化医药卫生体制改革的意见》摈弃了此前改革过度市场化的做法，承诺强化政府在基本医疗卫生制度中的责任，不断增加投入，维护社会公平正义，逐步实现建立覆盖城乡居民的基本医疗卫生制度，人人享有基本医疗卫生服务的目标，医疗回归公益属性。有关此方面近来已有大量的论述，在此不作过多展开。

随着贯彻医疗的公平性即医疗资源的平衡性目标的实现过程，医疗设施的规划布局显得越来越重要，合理的医疗事业规划也将带来医疗建筑规划布局的调整与发展。在当前，大型、超大型医疗设施的建设所带来的医疗问题促使人们反思，越来越多的中型医疗设施面临着更新和发展的机遇；伴随着医疗服务的细化和人性化要求，针对个体的医疗服务如家庭医生等也将逐渐得以发展。

3. 当前：老龄化社会的医疗设施

人口老龄化是经济发展与人口自然发展的必然结果，在老年型国家，人口增长的势能减弱，或者停滞以至下降，老年人口比例升高，产生社会负担加重、劳动力供给不足的问题，特别是高龄老年人的增加，会出现老年人的照顾、养老和医疗的大量需求，给社会经济发展带来影响（图16）。

人口老龄化带来了与以往不同的健康问题，对医疗保健的发展产生了深刻的影响，老年人的社会卫生需求总结起来包括两个主要

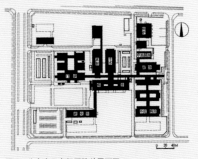
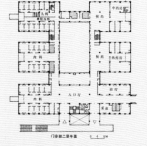

图8 北京中日友好医院总平面图　　　　图9 门诊楼二层平面图

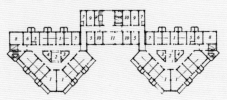

图12 上海金山医院病房楼平面图

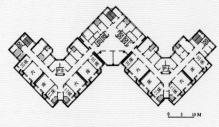

图10 上海曙光医院病房楼平面图　　图11 上海瑞金医院病房楼平面图

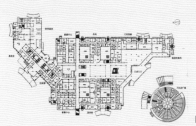

图13 广东佛山市第一人民医院首层平面图

方面：

一是疾病治疗的需求，尤其是针对慢性病治疗需求。老年人的生理和患病特点，决定了其对医疗卫生服务有较高的需求。根据日本统计资料，老年人口的患病率1977年以后为全国平均患病率的4倍；中国卫生部统计，1994年60岁以上老年人慢性病患病率是全人群的3.2倍。老年人各项医疗服务利用量是全人口的1.5倍以上。目前在医疗系统内普遍缺少训练有素的老年病学医护人员，医疗机构过分重视急性病人的医疗护理，忽视慢性病人的照顾，这业已成为老龄化社会的主要问题。

二是保健、康复和生活照顾的需求。在任何时代，医学的发展总是有局限性的，目前由于医疗技术的局限性，尚不能解决心脑血管疾病、癌症及许多老年慢性病的根本问题，在大多数情况下，老年人口往往处于疾病的慢性过程或功能受损的持续状态下。因而除了对治疗的需求外，对各种保健、康复和生活照料的需求也随着人口的老龄化而不断增加。

为了适应老年人的要求，国外在医疗保障体系上发展了一些成熟的经验和做法。满足老年人保健、康复和生活照顾需求的建筑设施包括：老年病医院（针对慢性病和不能自主活动者）、康复设施（针对能适度活动者）、疗养保健设施（针对能随意活动者）。广义上老年人健康保障设施还包括专门针对老年人而建造的福利型居住设施。

中国目前一方面面临快速老龄化的社会发展趋势，另一方面社会保障体系还不健全，医疗卫生保险的覆盖面狭窄，保险水平偏低；同时，正在出现的家庭核心化和小型化趋势对传统养老模式提出挑战，这些都对老年人口的健康护理提出快速发展的要求。同时，针对健康老龄化的需求，在国际医学界提出如何平衡利用医疗资源，如何看待医疗技术延长人的生命与维护人的健康生活的医学哲学的

关系问题；有人提出调整质量生存年的新命题[8]；这些对老年医学和医疗设施的建设都会产生变革性的影响。可以预测，建立符合中国实际情况的促进老年健康保障的医疗和康复护理体系，建设符合老年人生理需要和心理需求的医疗设施，将成为中国医疗建筑的重要发展方向。

五、结语

由于总体医疗资源的缺乏和历史形成的医疗行业的相对封闭的特点，当前医疗设施的建设还没有做到完全是开放式的，在多元化倾向的背后还存在着许多问题。这些问题包括建设管理、建筑设计思想、建筑设计方法等层面。在对医疗建筑的认识上，业主和建筑师往往还局限于以医疗技术、医疗设备为中心的设计思想。随着后工业社会、人口老龄化、疾病的变化等因素的推动作用，医疗设施在规划布局和建筑设计上都出现了新的问题和机遇，对这些问题的应答是从事医疗建筑设计的建筑师所必须面对的。

注释
①《中国卫生事业发展情况统计公报》，2010年。
②世界银行数据库，转引自http://wenku.baidu.com/。
③1913年中国医学传教会（China Medical Missionary Association）年会上为了"更有效地管理现有的机构，提高质量，决定办好现有的医学院和医院，不再新建的机构"，此时教会医院稳定在一定规模上。
④ BOWERS J Z. Western Medicine in a Chinese Palace: Peking Union Medical College, 1917-1951[M]. The Josiah Macy, Jr, Foundation, 1972.
⑤在教育和研究方面，协和的教师和学生都是一流的，教学的安排和美国医学院基本相同，增加了师生共同做临床病例分析和教学实验的比重，减少了大讲座的课时，仅占全部学时的10%。研究成果的数量和质量无出其右，研究经费也是最宽裕的，著名的周口店北京猿人的鉴定研究就是在协和进行的。
⑥在临床方面，协和拥有中国最好的医生和医疗条件，曾为包括孙中山等名人看病治疗；对危害近一亿中国人的长江流域血吸虫病的研究和预防最早亦起于协和（1924），对布氏姜片虫病（当时广东、浙江有5%的人群感染）、黑热病（1925，北方少年儿童为易感人群）、阿米巴病、十二指肠病（中国中部及南部地区）、疟疾等的防治研

图 14 天津泰达国际心血管医院首层平面图

图 15 天津泰达国际心血管医院室内

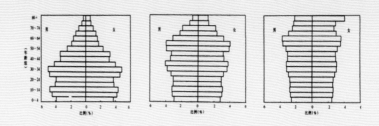

图 16 中国人口年龄金字塔（左：2000 年；中：2025 年；右：2050 年）

究在亚洲均处于领先地位。见 BOWERS J Z. Western Medicine in a Chinese Palace: Peking Union Medical College, 1917–1951[M]. The Josiah Macy, Jr, Foundation, 1972.

⑦同济大学建筑与城规学院 . 建筑人生——冯纪忠访谈录 [M]. 上海：上海科学技术出版社，2003.

⑧针对医学的发展，人们提出生命质量的课题，即延长生命度过更多的疼痛和不适的时间的价值问题。国外有研究者提出调整质量生存年的方法（quality adjusted life year），其假定是一年的健康生命要比二三年的疾病状态更有价值，在执行某种特殊医疗方案时，不是通过其产生的剩余的生存年，而是通过其产生的调整质量生存年的数量来评估方案的价值。这实际上带来了医疗资源利用的限度问题，尤其在老年疾病上引起人们的争议。参见：罗伊·波特，等 . 剑桥医学史 [M]. 张大庆，译 . 长春：吉林人民出版社，2000.

原文发表于《城市环境设计》2011 年第 10 期，有改动。

B18 《世界建筑》访谈
Interview with LIU Yulong

由清华大学建筑设计研究院副院长、副总建筑师刘玉龙主持设计的北京老年医院医疗综合楼、徐州中心医院新城区分院、青海海北州中藏医康复中心和广州老年医院相继落成或即将落成,《世界建筑》就医疗建筑专项设计及其理论的多个方面采访了刘玉龙院长。

WA:根据您在医院建筑设计方面的多年经验,请您谈一谈中国医疗建筑走过了哪几个阶段,产生变化的原因是什么。

刘玉龙:现代意义的医学是从19世纪末开始的,由西方教会传入,那之后的30~40年是起步阶段。1949年,中国进入普及医疗阶段,建立了分级诊疗制度。1980年代以后是高技术医疗阶段,医疗功能和技术得到很大发展,在这个阶段我们引进了非常多的大型医疗设备,还建造了真正意义上的现代化医院。

近10~20年相对更难定义。有一阶段做了比较多的市场化探索,当前对基本社会医疗保障的呼声更大。《"健康中国2030"规划纲要》明确提出了保障人民健康的制度安排。做好预防、保健,做好健康人群的健康维护以减少疾病治疗的投入是现在主要关注的问题。

医疗背景的变化,使医院建筑也产生了很大的变化。其中有三个重要因素。

第一,疾病谱的变化。明确哪种病是当前最主要的疾病,这决定了医院的变化,也决定了医院建筑的要求。早期眼疾、外伤、肺结核是主要的疾病,随着人们寿命的增长,高血压、心脏病、癌症等成为主要疾病。疾病谱的变化是医疗体系变化重要的原因,收治病人的模式不一样了,医院建筑也就不一样了。

第二,医疗设备手段的变化。最早没有设备,"望闻问切"就可以看病,后来有了很多设备,影像科从只照X光,到现在至少是DR、MRI。影像设备对环境的要求更复杂了,例如MRI下面不能有车库,旁边不能有振动等。最近也有新的变化,因为信息时代,

无线传播快速便捷,医疗设备也开始小型化、可移动化、信息化,还发展出可穿戴式的医疗设备。这种变化对医疗建筑的设计产生了很大影响。

第三,就医需求的变化。人的要求变了,对医疗条件、医疗环境的要求也在变化。有研究证实,好的环境对疾病的康复有很重要的正向促进作用,反之亦然,所以有了疗愈环境、疗愈花园等概念的提出。这些变化对建筑设计都产生了比较大的影响。

WA:中国的医疗建筑中比较具有典型性的案例有哪些?

刘玉龙:我个人觉得最经典的案例,第一个是协和医院,它由洛克菲勒家族资助建造,与约翰·霍普金斯医院和耶鲁大学附属医院水平相当。协和医院的重要性在于两点:第一,它是当时亚洲最高水平的医院之一;第二,它在中国做了很多流行病学的统计、研究和防治工作。

协和医院的设计是非常有特色的,设计者是美国波士顿的建筑师查理斯·A. 库利奇(Charles A. Coolidge)。协和的建筑从外面看,形式是中国式的,但是里面完全符合当时最前沿西式医疗流程要求的设计,如南丁格尔式大病房。这样设计的理由和成果,现在看来仍然是值得去研究的。有一本专门介绍协和建筑的书,书名是"中国宫殿里的西方医学"(*West Medicine in a Chinese Palace*),这本书写了协和医院的好多情况,很有意思。我在做青海海北州中藏医康复中心设计时(图1~图3),我为所做的设计起了一个名字,叫作"藏族寺庙里的藏医学"(*Tibetan Medicine in a Tibetan Temple*),就是受了这个书名的影响。

第二个是南京中央医院,由杨廷宝先生设计,装饰艺术(Art Deco)风格。楼高4层,走廊居中,两侧是大病房,具有很高的历史艺术价值。

新中国成立后比较典型的医院设计有两个。一个是武汉同济医

图1 青海海北州中藏医康复中心鸟瞰效果
（清华大学建筑设计研究院 提供）

图2 青海海北州中藏医康复中心外景（李炎 摄）

图3 青海海北州中藏医康复中心屋顶（李炎 摄）

图4 北京老年医院医疗综合楼外景（存在建筑 摄）

图5 北京老年医院医疗综合楼外景（存在建筑 摄）

院，由冯纪忠先生设计。它打破了一般医院的惯例，采用了"水"字形平面。1950年代后我们做的医院基本都是"王"字形，三横一竖，是最标准的设计。同济医学院长唐哲请冯先生去做设计，他去看了场地，产生了这样一个设计。他曾经说，医学上的问题我就问医生朋友，建筑设计都听我的。最后大家用起来还不错。这里探讨了一个问题：医疗工艺流程和建筑之间的关系。外国建筑师如弗兰克·盖里（Frank Gehry）也设计过医院。对我们来说，最大的疑问是他们怎么懂医疗？

这里存在一个医疗工艺设计和建筑结合的模式。建筑师未必特别懂医疗，但是他有专门懂医疗流程的专家作为团队中的一员共同完成这项工作。冯纪忠先生在设计武汉同济医院的过程中，也体现1950年代这个思想的萌芽。直到近10年，我们的医院建筑设计规范才终于把医疗工艺放在医院设计的第一位，把它的重要性真正明确下来。武汉同济医院设计很有前瞻性。

另一个比较重要的案例就是黄锡璆博士主持设计的佛山市第一人民医院。这是中国第一个采用医疗街模式的医院。这在当时具有很大的开创性。同时期的医院都是走廊加房间，"王"字形、"工"字形等，规模有限，这个项目开创了大人流量的大规模医院通过一条医疗街来组织流程、组织空间的模式，对后来的大部分医院都产生了重要的影响。

WA：当前医院设计的关键点是什么？

刘玉龙：当前医院设计有三点是比较关键的。

第一个是功能优先。从医院来说，功能优先可能是它的主要特点。虽然复杂的功能要求是设计的束缚，反过来讲，在这样的功能条件下能有设计创作，才能体现建筑师的水平。

第二个是与城市的关系密切。西方古代的医院就是教堂、收容所，为麻风病人、精神病患者、罪犯、乞丐提供收容的场所。它强调的是隔离，不能跟普通人混在一起。所以，如苏珊·桑塔格（Susan Sontag）所说，隔离是从古至今医院的最主要的特点。但在当代，医院与城市的关系越来越密切了。很多医院里都有餐饮设施，有的私立妇儿医院还会开医院商店，更有现在的医疗城、医疗超市的概念——盖一栋大楼，很多人都来开诊所，人们在里面像逛街一样逛医疗店。

第三个是人的感受。功能优先并不单指把功能流程排好，人就像流水线上修车一样，哪里坏了一查，换了以后开走就完了。医院虽然有明确严格的流程要求，但它不仅仅局限于流程，看病不是修汽车换零件，人在空间里的感受也很重要。有一个名词叫"循证设计"（Evidence Based Design，简称EBD），指根据对证据的分析来做设计。比如英国有一个研究，住在阳面的病人比住阴面的病人用药量少，因为天天看着阳光心情很舒服，康复得快。这说明环境对治愈也有很重要的作用，人的感受与疾病的治愈是息息相关的。

WA：您怎么看待医院建筑空间可变性和弹性的诉求？

刘玉龙：这里面包含两个方面。因为疾病谱、医疗设备、就医需求发生变化，所以尽管医院有严格的流程，长远来看，所谓的"严格流程"也是需要改变的，因此医院的空间需要一种可变性。除此之外，医院还有持续更新的需求。有可能某一部分不能用，要拆掉重建，但是新建的部分还要与原来的建筑相连。

比如，北京老年医院医疗综合楼是一个完整院区的增项（图4～图6）。医院占地面积很大，其间松散地分布了一些建筑，但建筑之间的集合度和流程的合理性亟待提高。在此基础上加建的综合楼位于园区的最南端。建筑整合了以前的一些比较分散的流程，使得就医流程得到优化，这也体现了可变性和弹性。

国家规定民用建筑的使用年限是50年、70年，但实际上有的建筑100年了还在用，有的建筑几十年了就要改，甚至有很多医疗

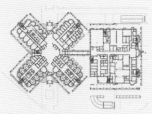

图 6　北京老年医院医疗综合楼首层平面图
（清华大学建筑设计研究院　提供）

图 7　广州市老年医院鸟瞰效果
（清华大学建筑设计研究院　提供）

图 8　广州市老年医院分区示意
（清华大学建筑设计研究院　提供）

图 9　广州市老年医院内景效果
（清华大学建筑设计研究院　提供）

建筑，盖好以后的3~5年内就开始改造了。这就出现了一个概念，叫流程再造，也就是重新塑造医院流程。这在医院里是一种常态。比如一个综合医院，可能最近肿瘤科的病人越来越多，肿瘤科要扩大，但心血管科则发展得不太好，只要满足基本需求就可以了。在这种情况下，肿瘤科的区域要扩大，就需要把心血管科的区域进行改造，还要把这个区域的流线与原先肿瘤的区域作一个很好的衔接。

再比如手术室。虽然国家有明确的标准，医院有多少病床，按比例手术室应该有多少间，但是这种算法是一个通用经验，实际对于每家医院都不一样。有的医院，尤其是以诊治疑难杂症为主的北京、上海的大型医院，发展5年以后，手术量急剧增长，手术室永远是不够的。为什么呢？因为我们现在还是一个需求不断被释放且不能被满足的阶段。这就需要增加手术室，但是增加手术室很困难。像我们现在做的清华华信医院第一附院，原来已有6间手术室，再建新楼新手术室时，手术室会分散在两处，管理很不方便。进手术室的流程非常严格而复杂，要有一个卫生通道，医生还需要在手术室里解决工作、会诊及吃饭、休息等问题。如果两处手术室分散，效率很低，而且所有设施都要准备两套。所以我们在设计新楼的时候，会尽可能想办法做一个"桥"，把医生的后台连通起来。从一边卫生通道进去之后，医生可以进两边手术室。如果这边有一个特别复杂的手术，需要另一个大夫支援，可以从连桥上直接走过来，省去了出楼、进楼的烦琐过程。

WA：您的项目遍布全国，在不同的地方设计医院有哪些不同？

刘玉龙：医院建筑设计在不同的地区怎么样能有特色，我认为有两个坐标轴。一个是从东到西，或者说从发达地区到欠发达地区文化上的差异；另一个是从南到北，反映的是气候上的差异。如果这两点都有考虑，设计就会比较有特点。

比如广州老年医院，地处气候炎热的区域（图7、图8）。从文化的角度，中国的老人相对来说比较传统，更注重传统文化的寻根心理。因此我们在医院的大厅里做了一个带有岭南地区传统民居形式的区域，作为等候区、休息区和宣教区使用（图9）。因为这家医院是老人院附属，相当于养老院，有8000位重症老人在此住院，其中大部分老人是没办法下楼的，一般医院里的花园对他们来说使用率较低。因此，我们在每层的病房设计了一个露台，露台种树，老人可以坐轮椅到这个户外区域休闲。露台有朝南的，也有朝北的，这是从气候的角度考虑。广州气候炎热，阳台全部朝南比较晒，需要有朝阳的区域，也要有阴凉的区域，这样老人可以在可活动的范围内接触空气和阳光，而不必一直待在房间里（图10）。

还比如青海海北州中藏医康复中心。这个项目设计的出发点是以传统文化的建筑形式来加强对传统民族医学的认同感。很多人对民族医学持有一种猎奇的心态，事实上，藏医有很多特殊的医疗方式。比如说药制好以后，需要"加持"后才有效果。如果用现代医学的观点来解释，这相当于是一种心理作用，有助于促进疗愈。此外，藏医还有药浴，种类繁多，有助于病人疗愈恢复。环境带来的心理认同感，对医疗有重要的促进作用，因此我们的设计选择创建比较有传统藏族建筑风格的环境和气氛，人们进入这里，就会对藏医学的治疗方法有认同感和信服感。

徐州中心医院新城区分院是新建成的一座大型医院（图11）。我们到徐州时，观察到当地医院有两个特点：一是因为当地人的口味重盐，患心血管疾病的人相对较多。所以我们设计的三栋病房楼中，有一栋就是心血管科专用的。另一点是当地人的探视习惯很特别。北京医院对探视有非常严格的要求，限制在下午30分钟之内，其他时间不行，一般也只允许一人进入。徐州人的探视时间是全天候的，而且风俗上比较时兴上午看病人。实际上，医院并不希望上午探视，因为早上是医生的查房时间。但这个探视风俗是无法改变的，这种情况下，对电梯的数量需求与其他地方医院相比要多得多（图12、图13）。这就需要建筑师去了解、观察、关注这些细节，

图10 广州市老年医院内景效果
（清华大学建筑设计研究院 提供）

图11 徐州中心医院新城区分院住院入口外景
（陈勇 摄）

图12 徐州中心医院新城区分院医疗街
（陈勇 摄）

图13 徐州中心医院新城区分院首层平面图
（清华大学建筑设计研究院 提供）

才能在设计中满足这些地方医院的特殊需求。

WA：横向比较一下，您觉得欧美国家和国内相比，当前的医疗建筑有何异同？

刘玉龙：以我的了解，相同之处在于，欧洲医院大多也是门诊、医技、病房这种流线的就医模式。这与中国有相通的地方，病人到医院来看门诊、在病房住院。

如果说不同的地方，最显著的就是人的数量级的差别。只说北医三院，一天有12000个病人要去看门诊，实际到访至少20000人/天。欧洲的医院人少太多了，因此流线组织、每个病人能够享受的就医环境和就医时长，与中国的医院比完全不一样。如果类比来看，欧洲的医院就像机场航站楼的贵宾厅，中国的医院就像长途汽车站，以欧洲医院的设计方法解决不了中国医院的问题。

美国医院更不一样，一般没有门诊，全是单人病房，所以就医环境很好，当然相应的医疗费也很高。美国医院可能更重视病人的舒适性，更注重旅馆化、家庭化的氛围。美国医院没有白墙，内饰以木材为主，有电视、陪床，沙发都很宽敞，以单人间为主。这是因为他们认为单人间可以缩短住院时间，双人间有交叉感染风险。在美国，500床就是超大型医院了，在中国，医院的平均规模都在1000床左右，最大的郑州大学第一附属医院，床位有7000张。

中国内地的医院设计，更需要向日本、新加坡等国家，以及香港地区的一些医院学习。这些医院都有大量人流进出。怎样在这种条件下创造更好的就医环境，怎样尽可能地把普通病人的筛查转移、使急重病人得到更好的治疗，这些都是值得我们学习的内容。

WA：您怎么看待医院规模对建筑设计的影响？

刘玉龙：规模越大，就医的人群越大，医院的流线组织就越复杂。复杂的医院可以等同于一个精密仪器车间，加一座飞机场，再加上长途客运站。

其实目前在医疗建筑行业，对医院的最佳规模有着多种看法。一种看法认为规模大、有效益、运转好。比如郑州大学第一附属医院，由于规模大，手术室运转效率更高，更多的疑难杂症可以得到治疗。在台湾长庚医院也是如此，林口医院有60间手术室，24小时做手术，效率非常高。但也有人认为，规模过大带来了就医环境差的问题。每个人就医时间很短、流线混乱、医疗效率下降，医疗质量没有办法保证。

还有一种看法认为中国医院的规模在1500床左右是最合理的。国家卫生健康委员会一直比较提倡医院规模不要过大。据我了解，北医三院不到2000床，床均综合评价是国内最好的。

超大型医院规划设计，目前有两种解决思路：一种是大型医疗综合体，内部以医疗街的形式分布各个科室；另一种吸取了国外的一些理念，提出"院中院""多中心"的策略，指一个医院下面有多个医疗中心的模式。这相当于将一个医院分成了多个医院，每个中心都有一定数量的床位，彼此之间相互独立，提供多中心一站式服务，这也是解决这种超大规模医疗设施设计的一种探索。目前"多中心一站式"设计是个很好的探索方向。

WA：人的需求是怎样影响医院建筑的设计的？

刘玉龙：医院里的各类人群，包括病人、医生、技师、护工、家属、探视人群，甚至包括去世的人的尸体，这些都是设计师应该关注的医院主体，是医院的使用者。关注人的需求对医院设计的影响，就要求建筑师从不同人群的视角看待医疗建筑的使用。

用老年医院类型来举例。从病人的角度，北京现在一般的急重症医院平均住院时间规定不得超过两个星期，但是老年医院不一样。由于老年医院的病人以综合病和慢性病为主，住院时间相对较长，

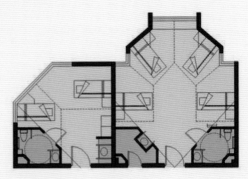
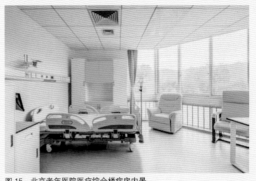

图 14 北京老年医院医疗综合楼病房平面图
（清华大学建筑设计研究院 提供）

图 15 北京老年医院医疗综合楼病房内景
（存在建筑 摄）

在这种情况下，类似医院病房3张床并排的传统布局可能不够理想。靠窗床位普遍受欢迎，因为可以看到窗外的风景；靠墙的也还可以，虽然看不见风景，但是上厕所、进出都比较方便；而中间床位的病人是最不方便的了。

考虑到这些因素，我们在北京老年医院医疗综合楼做了一个比较特殊的设计。为了满足床间指标，我们在每个房间布置4张病床，但不是并排的，各自相对转一个角度，每个病床都有一个小角窗，单个房间的平面呈五边形，这样就让4个人虽然同住一个房间，却各自有比较独立的空间，不受别人打扰（图14~图16）。

第二个设计点是考虑到长期居住时，阳光可能是一个很重要的心理疗愈因素。我们把病房的平面设计成十字形，转了一个45°，变成X形，这样每一个房间都可以有一点日照，就不会有房间永远在阴面里，见不到太阳。"暗无天日的我还有什么活头儿？"老人很容易这样想。"今天太阳又出来了，天气不错。"天气与人的心理和疗愈效果有很大的关系（图5）。

第三个设计点是色彩。我们在北京老年医院选择的是红砖这种接近一般居民楼的色彩。1950年代的人对红砖住宅有种亲切感，而且老年人有种怀旧心理。这种比较居家式的氛围，对老人来说也是很关键的（图4）。

从医护人员和老人的角度考虑，我们对医护人员的房间、医护人员的休息区、医护人员护士站的位置都有比较细致综合的设置。淋浴间的设计就是一例。老人最容易发生的安全问题就是洗澡摔倒、骨折，很难做手术，瘫痪日久就会生褥疮、肌肉萎缩等，所以要防止摔倒。因此我们就把一部分卫生间设置在走廊，使用的时候需要离开房间，从走廊进入浴室。这样做的优点是出入厕所时护士在护士站可以看到，时间过久护士也可以及时查看、发现（图17）。

家属陪护方面，清华长庚医院做得非常好。一般的病房受规范中的尺寸限制，开间和进深非常紧凑。清华长庚医院有意识地把病房放宽、加大了一点。加大的好处是每个病床旁边可以放一把近似

电脑椅大小的折叠椅子，可以拉开，变成一张床，陪护的条件比一般的医院好很多。一般的医院，床间距不到1m，陪护人自己弄一个折叠床晚上休息，床间一点多余的空隙也没有，病人半夜下床很困难。所以，略微放宽一点就会有非常大的改善，这非常值得其他医院去借鉴。

WA：怎样看待医疗建筑中的绿色建筑和可持续设计？

刘玉龙：医疗建筑中，更重要的还不仅仅是绿色建筑设计和能源节约的问题。医疗建筑的能源损耗确实非常大，比办公楼能耗大很多，而且，医院里很多能源的消耗是很难减下来的，比如手术室要安装空调、要做净化，必须要达到一定的卫生标准，这个代价不可避免。对于医院而言，"能效比"应该是一个更关键的衡量医疗建筑可持续的概念。能源消耗了，取得了多少回报，这一点比单纯考虑节约更加全面、合理。

比如有的医院非常集中，形成了很多黑房间，表面看，因为全依赖人工采光、通风、新风、排烟，白天12个小时要运转，可能能耗与有很多院落、外窗的房子相比要大。但是由于它非常紧凑，带来了就医流程的高效和便捷，有的病人到这家集中医院看病半个小时就走了，如果到有很多院落的医院看病，可能要45分钟才能看完。相对来说，可能这个集中式建筑的能效比是更好的，虽然多消耗了能源，但是也多看了50%的病人，设施本身所带来的医疗效率是提高的。这个需要仔细地核算。这是在医院建筑里做绿色建筑设计的重要特点。

WA：在新冠病毒感染疫情的背景下，可否请您分享一些对医疗和医院设计的观察？

刘玉龙：新冠病毒感染疫情确实暴露出一些值得反思和思考的

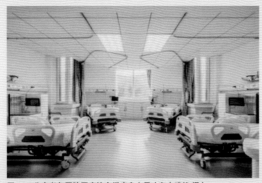

图16 北京老年医院医疗综合楼病房内景（存在建筑 摄）　　　　　　　图17 北京老年医院医疗综合楼护士站（存在建筑 摄）

问题。

疫情中的第一个观察是，常见病和慢性病的分散就医和社区下沉，可以减少大医院本身的拥挤度。以前一些常见病和慢性病在医院门诊病人里占了很大比重，因为疫情，医院这部分的人流量减少了很多，反映出分级诊疗制度下沉工作的必要性。

第二点是关于重症和急症的治疗。比如一个感染新冠病毒的人心脏出问题了，怎么办？是送去新冠病毒感染专治医院，还是作为需做支架的心血管病人送去专科医院？这确实是个难题。不可能把全部的病人都收在新冠专治医院，各科都在那里看，也装不下那么多病人，还有交叉感染的问题。

很多医院都在考虑怎么解决这个问题。根据我们了解的情况，主要有两种尝试。

第一，把大医院的一部分改造成负压医院。比如院中院模式的医院内，一个医疗组团里有一个院子是负压小医院。在负压情况下，这一组医疗设施可以在有传染病情况下，进行相应疾病的诊断和治疗。

第二是完善感染门诊的设计。以前发热和肠道感染病人在同一栋楼里治疗，只有简单的门诊和观察病房，现在这部分的设施逐渐得到完善。感染门诊变成了一个负压病房、一个独立楼和一个独立的院区，有相应的实验室和医技功能，增加了移动影像车。也有的会与急诊密切结合，与急诊的影像设备共用，只是流线上进行区分。这都是设计上可以考虑的策略。

当然，更重要的是城市规划层面的考虑，不可能以一种常态的医疗设施设置来针对非常态的突发事件，城市中的余量，如有空地以应对突发疫情下快速建设类似战地医院性质的设施，城市公共设施具备交通和隔离条件建设病人留观、周转设施等，都是值得探讨和改进的。

WA：您前面也提到了有可移动的医疗设备，未来医疗建筑设计还会有哪些变化？

刘玉龙：一个例子是现在日臻成熟的第三方诊断技术。以前病人拍片子，不是在这个医院拍的片子是绝对不行的，因为在过去的体系里，没有数据整合的愿望和能力，数据传输所依据的法律法规也不健全。但进入信息时代后，这种壁垒就不存在了，第三方诊断就比较容易实现。这可能会促使影像中心、检验中心这些专门类型的建筑产生。专门做检验的中心因为数据量庞大，能够实现机器学习，检验的结果也会更加精确。同时，医院建筑内部的看病流程也会得到简化。

还有一例是复合手术室。以前手术就是手术，先拍片子再做手术。如果遇到意外情况，实际与检验结果有出入，只能靠医生人眼判断。现在有移动设备，就可以实现术中核磁等技术。核磁共振室和手术室直接连通，形成复合手术室。非手术时间，闲置设备可以通过合理的设计，与外部连通，满足日常检查的需求，避免资源浪费。

现在互联网医疗备受关注，可移动设备、可穿戴设备、智慧环境也逐渐成为现实。在建筑层面，这将导致某些功能模块的削弱和某些功能模块的加强，特别是与信息传输功能相关的部分。

总的来说，宏观层面，如互联网医疗、医疗超市，影响的是城市的形态；中观层面，第三方诊断的成立，影响的是医疗建筑的功能，经过模块的拆解和重新组合，可能会产生智慧医院这样的新型医院；微观层面，比如在这次疫情之后，由于线上挂号的全国普及，降低了对医院前厅等候空间的需求；更微观层面，便携设备为手术室设计带来的新的可能性。

作者：庞凌波，叶扬
原文发表于《世界建筑》2020年第9期，有改动。

A11　山西传媒学院综合实训楼

项目地点：山西，晋中
建筑面积：25795m²
设计时间：2018
竣工时间：2022

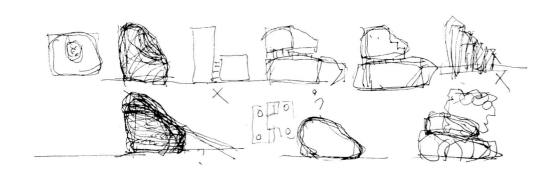

如切如磋：明确回应语境的外部形式生成

根据建筑用地的三个特点，即北侧接近教工住宅、东南毗邻城市道路、用地面积紧张，建筑方案以一个约 60m 见方的立方体为基本形，以上述用地特点为外力条件，本着避免日照遮挡、对话城市环境和营造公共空间的目的，进行原因清晰、逻辑明确、方向肯定的切割削减，从而生成形状特异、棱角分明、个性突出的外部形式，满足校方对于建筑形象标志性的诉求。

在此形式生成过程中，一方面，用地特点从限制条件转化为激发因素，并被建筑形式充分揭示和表现出来；另一方面，建筑形式受到外部条件的动态作用，通过主观的综合过程，固化为一个其来有自的静态结果，成为其所在语境的"记事本"和"扬声器"。

语境塑造了建筑，而建筑则显影并激活了语境。

且铸且陶：积极反思功能的内部空间组合

建筑内部功能包括成果展示和实践创新两大平台，分别容纳博物、校史、档案三馆和教师工作室及学生实训室功能。方案追根溯源，探求两平台功能对建筑内部空间的最基本要求，并将其归结落实为两类房间，即自由连续、利于线性运动的展廊式"大房间"与安静独立、适合潜心操作的封闭式"小房间"。建筑方案将公共性更强的成果展示平台布置在建筑底部，为平台的对外开放和来访者的参观活动提供便利，而将相对需要减少外部干扰的实践创新平台布置在建筑上部，为师生的教学实训和艺术创作提供良好环境。

在此基础上，方案设计了一个较上述两类房间都更大的"大房间"，即在平面、剖面上都位居中心且尺度更为宏阔的共享大厅，于是展廊式"大房间"变为"中房间"。共享大厅以统摄姿态将两个平台紧密联系起来，实现彼此在视线和行为上的交流沟通，使师生日常的学习工作、教研创新与学院的收藏陈列、展示宣传两种活动合而为一，往复循环，锻铸陶冶，相得益彰。共享大厅基于对设计任务书的积极反思，是对其所规定空间在功能性和精神性两方面的创造性补足——虽在任务书之外，却有无用之用。

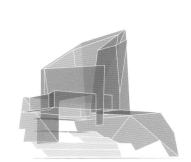

中心公共空间示意图

这里，建筑功能成为与作为外力的用地条件相对应的内力，建筑则成为由内外力共同挤压成形的一层"壳体"与这个"壳体"所围合出来的空间共同构成的一间"大房间"，而"壳体"本身又是由下一层级的实体（结构）和空间（中小房间）构成的。这个"壳体"实际是一个用以理解建筑历史并进行设计实践的原型。

以功能为驱动，建筑空间获得了秩序和结构。

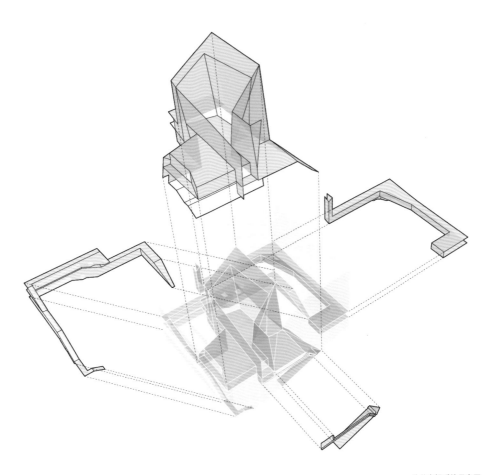

公共空间系统示意图

以交以传：充分回归人本的完整建筑体验

当今，博物馆和学校作为历史悠久的建筑类型，正随传统展陈和教学模式一起，受到远程通信、虚拟现实、人机交互等全新传媒技术手段的挑战，亟待迅速变革并重新定义自身价值。而作为一所恰以传媒为主要专业的高校，建设一座集实体博物展陈与线下教学实训于一身的建筑，既是挑战，更是机遇。

建筑方案以共享大厅为核心，将公共空间向建筑各区域延伸，并通过室内外的开放空间、开敞楼梯和休息平台等在水平与垂直两个方向将其相互串通，尝试构建层次丰富、类型多样、有机联系的公共空间体系，使人在不同空间的游走中获得或震撼惊喜或舒适惬意的体验，并以建筑特有的语言方式，邀请和激发学术或社交活动的发生，为人提供休憩身心、交流情感、碰撞思想的场所和机会。人们可以在大厅台阶前讲演、研讨，可以在观景平台上吹风、远眺，也可以在屋顶花园里闲坐、凝思。

回归人本，通过构建供人活动和体验的公共空间系统，使人与人面对面，回归最本初、自然、直接的交流方式，这是方案对新时代建筑意义和传媒本质的双重回答与再发问。

建筑本身就是一种传媒，而数字时代的时代性反向唤起了人文的复兴。

总结来说，在这个方案的设计中，建筑是对客观因素进行主观综合的结果；建筑的形式、空间及其给人的体验，是通过创造性地回应建筑的语境、功能和使用者而获得的。

步骤一：基本型　　　　步骤二：住宅日照　　　　步骤三：功能规模　　　　步骤四：交通流线　　　　步骤五：公共空间

1 互动展示塔
2 展品库房
3 主题展厅1
4 主题展厅2
5 休息空间
6 专题展厅

二层平面图

1 开放展厅
2 博物馆专题展厅
3 库房
4 电影放映厅
5 放映控制室
6 开放展厅
7 休息空间
8 互动展示室

四层平面图

1 大厅
2 前台
3 办公室
4 档案阅览室
5 档案存放室
6 借阅服务台
7 档案复印室
8 档案存放室
9 过厅
10 消防控制室
11 咖啡厅

首层平面图

1 公共活动空间
2 校史展厅
3 校史馆库房
4 胶片库房

三层平面图

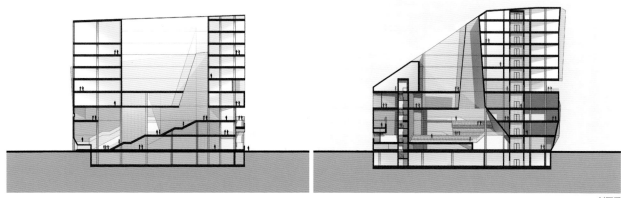

剖面图

B19 日本职业教育院校校园规划研究
Campus Planning of Vocational Colleges in Japan

一、研究背景与目的

《国家中长期教育改革和发展规划纲要（2010-2020 年）》中明确提出要大力发展职业教育，形成中等和高等职业教育协调发展的现代职业教育体系。在纲要的指导下，全国各地加快推进职业教育院校和园区建设。我国已由高等学校建设的高峰期进入职业教育院校建设的高峰期。在大规模职业教育院校建设的大背景下，汲取发达国家经验，完善我国职业院校的规划和设计，建立科学合理的建设标准成为当务之急。

作为职业院校建设的先行者，日本的相关经验值得我们参考借鉴。在职业教育研究领域，有系统论述战后日本职业教育制度的演进[1]、改革和发展趋势[2]的研究，有比较中日高职教育制度的研究[3]，也有针对日本职业院校的实例研究[4]，但是还没有研究从校园规划的视角对日本职业院校进行过全面的考察和分析。

在校园规划中，校园在城市中的空间布局界定了校园和外部环境的关系，而建筑面积指标则界定了校园内部空间配置的关系。两者在不同尺度上对校园建设进行指导，相辅相成，缺一不可。因此，本文以空间布局和用地面积指标为切入点，力图通过这两方面的定量数据，获取日本职业教育院校在校园规划方面的特征，以期为我国职业教育院校建设标准中的相关部分提供参考依据。

二、研究对象和研究方法

本文所指的职业教育院校是日本学校教育法和文部科学省白皮书中阐明以职业教育为办学目的的院校，包括专业高中、专修学校、高等专门学校和短期大学。其中，专门高中和专修学校中的高等专修学校与我国的中等职业院校相类似，专修学校中的专门学校、高等专门学校和短期大学则与我国的高等职业院校相似。本文通过分析日本文部科学省学校基本调查的统计数据[5]和文部科学省颁布的学校建设标准[6-8]展现日本职业院校在校园规划方面的特征。

三、日本职业教育院校的基本特征

日本的四种职业院校无论在规模、办学方式和学科特色方面都呈现出明显的特点，互为补充（表1）。专修学校制度于1976年确立，课程包括了从中等职业教育、高等职业教育到社会一般职业教育等各个阶段。修业两年以上、完成总授课时数1700学时以上的专门课程毕业生可以获得"专业士"称号，专业士可以编入大学三年级继续学习。修业四年以上、完成总授课时数3400学时以上的专门课程毕业生可以获得"高级专业士"称号，同时具备研究生院的入学资格。从总体规模上看，以私立为主的专修学校数量最多，在校学生数也最多，平均每个学校的规模不大，更侧重第三产业相关学科的教学实训。

短期大学制度确立于1950年，学位制度建立于2005年10月，毕业生完成学业即可被授予"短期大学士"学位。其毕业生可以选择进入普通高等学校的三年级继续就读。短期大学与专修学校中的专门学校较为类似，属于高等职业教育，也是以私立为主，侧重第三产业相关学科，平均规模较小，只是学制和取得的学位有区别。上述两类学校的校园空间通常比较紧凑，室外运动场地有限。有的学校的校园建筑甚至会分散在城市中。

专门高中制度确立于1947年，相当于我国的中等职业教育院校，以公立[①]为主，平均规模也不大。2012年5月统计显示，专门高中在校生约64万人，占全体高中生的19.2%。半数专门高中有普高课程，让学生们通过自由选修在升学时具备选择普通高等院校的可能性。专门高中有农业、水产、工业、商业、家庭、看护、情报和福利等8个学科，学制3年，第一产业相关学生的比重比其他职业院校都多（13.3%）。

高等专门学校制度于1962年确立，是在初中毕业基础上实施5

表 1　日本职业院校特征基本调查

	专门高中	专修学校	高等专门学校	短期大学
制度建立时间	1947 年	1976 年	1962 年	1950 年
入学资格	初中毕业生	高等专修课程：初中毕业生 专门课程：高中毕业生或同等学历 一般课程：无要求	初中毕业生	高中毕业生或同等学历
学制	3 年	高等专修课程：3 年 专门课程：2 ~ 4 年 一般课程：1 年以上	5 年（商船：5 年半）	2 ~ 3 年
可获得的学位或称号	无	专门课程：2 年可取得专门士称号， 4 年可取得高度专门士称号。	准学士称号	短期大学士
办学方	公立（79.00%）为主 私立（20.95%） 国立（0.05%）	私立（93.6%）为主 公立（6.1%） 国立（0.3%）	国立（89.4%）为主 私立（5.3%） 公立（5.3%）	私立（94.1%）为主 公立（5.9%）
学生的学科分布	二、三产业较多 第二产业（42.4%） 第三产业（44.3%） 第一产业（13.3%）	第三产业（86.9%）为主 第二产业（12.3%） 第一产业（0.8%）	第二产业（96.6%）为主 第三产业（3.4%） 第一产业（无）	第三产业（96.3%）为主 第二产业（2.7%） 第一产业（1.0%）
规模	学校数：2043 学生数：643684 平均：315 生 / 校	学校数：3249 学生数：650501 平均：200 生 / 校	学校数：57 学生数：58765 平均：1031 生 / 校	学校数：372 学生数：141970 平均：382 生 / 校
类似的中国职校 / 教职概念	中等职业院校	高等专修课程对应中等职业教育阶段； 专门课程对应高等职业教育阶段； 一般课程目前无对应的概念	高等职业院校	高等职业院校

资料来源：根据 2012 年日本文部科学省学校基本调查分析整理。

年（商船学科：5 年 6 个月）一贯教育的学校，属于高等教育机构。学生基本上集中在第二产业相关学科（96.6%），也有以培育船员为目的的商船科系及社会、艺术等学科。修完 5 年课程后，即可获颁"准学士"称号。高等专门学校以国立为主，学校数量和在校学生数最少，但平均规模是四类院校中最大的，较常采用集中式的校园空间，有较大的室外体育运动场地和学生宿舍，和我国的职校校园较为相似。

四、职业教育院校的空间分布与区域产业的关系

与普通院校不同，职业教育院校与产业的联系非常紧密，那么在空间分布上，职业院校的校园与产业的联系密切到什么程度，这是我们非常感兴趣的一个问题，在下文中将通过定量的数据分析予以解析。

1. 职业院校在全国的分布概况

国立和私立学校在地区分布上特点不同。以国立为主的高等专门学校在全国的分布非常平均。47 个县中有 42 个县有高等专门学校，其中 33 个县有 1 所，8 个县有 2~3 所，北海道有 4 所，统一规划痕迹较强。

而私立为主的专修学校和短期大学的分布则在某种程度上显示了地区间的经济发展差异。本文计算了各县短期大学和专修学校的学校个数与建设用地面积之比（学校密度）。从分布图上可以看出，私立职业院校集中在第二、三产业较为发达的中部、南部地区，而较少分布在农业发达的北部地区。三大城市圈——东京、名古屋和大阪圈附近地区、本州西部、四国部分地区和九州北部的学校密度超过全国平均值。

2. 职业教育院校布局与区域产业的关系

本文选取东京都和爱知县作为重点研究区域，因为这两个区域在产业分布上有较强的特点。下文对比展示了日本全国、东京都和爱知县的情况，以便以全国的平均情况为参考标准，突出说明东京都和爱知县在产业和职教布局方面的特征。

通过与日本全国平均产业就业人数分布情况的对比（图 1）可以看出，东京都的第二产业就业人数比例低于全国平均值，第三产业就业人数比例明显高于全国平均值，爱知县（县厅在名古屋市）则正相反。这显示了东京都以第三产业为主、爱知县以第二产业为主的产业分布特征。

从专修学校和专门高中的就学人数上来看，各产业相关学科就学人数的比例与当地该产业就业人数的比例很接近（图 2）。与全国相比，东京都第三产业相关在校生（78.8%）远高于全国平均（65.7%），而爱知县在第二产业相关在校生（31.2%）高于全国平均（27.3%）。直接的结论就是，当地什么产业发达，那么相关产业的职校在校生数量也会较多。这说明，某种产业发达的地区会倾向于聚集该产业相关的职业院校。在日本县级（相当于我国的省级）行政区划的空间尺度上，职业院校与产业间的联系是密切的。

3. 职业教育院校在城市中的分布

接下来我们的研究范围缩小到城市尺度。我们关心的问题是：职业院校会倾向于分布在城市什么区域呢？在以不同产业为特征的城市会有所不同吗？在以第二产业为特征的城市，职业院校会聚集在工业用地周边吗？

下面以东京都区部和名古屋市为例，通过专修学校和短期大学合计的密度数据来考察院校在城市中的分布情况。

结果显示，东京都区部的专修学校和短期大学倾向于分布在交通干线密集、有都心或副都心的区域。院校密度最高的丰岛、新宿、涩谷三区，有轨道交通山手线和高速公路 6 号线南北纵贯，交通十分便利，还集中了池袋（丰岛区）、新宿（新宿区）和涩谷（涩谷区）三个副都心，第三产业发达，生活配套完善。院校在这些区域

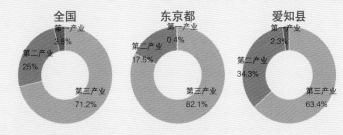

图1 日本全国、东京都和爱知县各产业就业人数分布

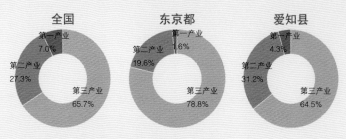

图2 日本全国、东京都和爱知县各产业相关在校生分布

集中，一方面可能因东京第三产业相关院校较多，靠近产业所在地便于校企合作；另一方面也可能与私立院校充分利用社会的生活配套资源有关，在配套完善的区域设置校园，可以减少宿舍、食堂建设方面的投入；而且日本学生很多需要靠打工来支付学习和生活开销，学校周边交通方便、生活便利、打工机会多显然是很有吸引力的。相对来说，在工业用地较为集中（工业用地在可建设用地中比例较高）的江东、大田、墨田等地区，职业院校密度较小。当然这也和东京都不以第二产业为特色有关。

爱知县第二产业相关在校生接近三成，据此可知第二产业相关院校的规模或数量是可观的，那么这些院校是否可能在与第二产业相关的工业用地周边布局？带着这样的假设，我们分析了名古屋市[②]专修学校和短期大学的分布。结果表明，和东京类似，院校也倾向于集中在最繁华的市中心区，而较少分布在工业用地集中的港区、南区和中川区。这说明，虽然职业教育院校的专业布局适应当地产业发展的特征，但在空间上与工业用地的关系并不密切。

五、日本职教院校规划用地相关指标

日本文部科学省用省令[③]的形式对各类学校设施设备制定了标准，包括《专修学校设置基准》《短期大学设置基准》《高等专门学校设置基准》及针对专门高中实训设施的《关于产业教育振兴法实施规则修正的资料》。本文将其中提到的校园用地面积、体育用地等指标与我国正在编纂的高职、中职学校建设标准中的数据相对比，分析如下。

1. 关于校园用地指标

在用地方面，专修学校对用地面积没有具体的数字要求，只要能容纳规定面积的校舍即可。针对专门高中，仅有对实训设施面积的要求，在校园用地面积方面没有明确的要求。短期大学和高等专门学校设置基准中的校园用地包括四类：校舍·讲堂·体育设施用地、室外体育场用地、附属研究设施用地和学生宿舍用地。前两类用地面积的合计指标是最低10平方米/生。在我国，《高等职业学校建设标准》（征求意见稿）并未规定生均用地指标，只要求"合理规划建筑用地、室外体育设施用地、绿化用地、道路广场及停车场用地"。

2. 关于校园用地开发强度指标

与日本不同，我国建设标准中有建设用地的容积率指标。综合类、工业类、农林类、医药类、师范类、体育类高职学校为0.50；财经类、政法类、外语类、管理类、艺术类高职学校为0.55。中职学校容积率不宜大于0.55。在日本建设标准中，无论对国立为主的高等专门学校，还是对私立为主的专修学校和短期大学，都没有校园容积率方面的要求，可能因为很多校园没有边界，校园建筑会和城市融为一体，遵照城市规划对地块容积率的要求。因此日本职校校园的形态也会多种多样，除去我们熟悉的以多层建筑为主、容积率小于1的校园，以单栋超高层建筑为校舍的校园也不少见。如名古屋摩多学园大厦，内部集成摩多学园、HAL名古屋和名古屋医专三所私立专修学校，建筑高度为170米，容积率达到13.8。当然，这样高的容积率能够成立，也与日本职校建设标准对室外体育用地的要求并不严格有关。

3. 关于体育用地指标

与我国中职和高职院校均要求在校园内设置运动场地不同，日本只有专门高中要求室外运动场面积在8400平方米以上，但同时也说，在有室内运动场的情况下，这一条件可以放宽。高等专门学校只要求有室外运动场，位于校园用地上或相邻用地上均可，实在不得已，在其他恰当位置也行。短期大学建设标准甚至说，如果确实用地紧张，通过申请，可以用室内体育馆等设施取代室外运动场，

表2　2012年短期大学和高等专门学校用地面积（不含教职工宿舍用地面积）

学校用地	用途	短期大学		高等专门学校	
		面积（m²）	百分比	面积（m²）	百分比
	校舍·讲堂·体育设施	3,279,562	35.4%	2,877,280	45.7%
	室外体育馆	2,443,683	26.4%	2,158,305	34.3%
	附属研究设施	47,634	0.5%	1,248	0.0%
	学生宿舍	188,108	2.0%	773,636	12.3%
	其他	3,293,803	35.6%	480,890	7.6%
总计		9,252,754	100%	6,291,278	100%

表3　2012年专修学校用地面积

学校用地	用地面积（m²）	百分比
室外体育场	2,230,842	6.6%
实验实习用地	15,849,289	46.6%
校园建筑/其他	15,939,449	46.9%
总计	34,019,580	100.0%

而且这个体育馆也不一定在校内，完全可以借用附近的公共体育馆。专修学校则可以根据办学目的决定是否配备运动场。日本职教院校校园在运动场配备上的灵活性，使缺少体育用地的学校可以通过丰富的周边配套资源来弥补劣势，同时，也使拥有体育用地资源的一方（不论是其他学校或社区公共体育设施）能最大化资源的效用，从而促进社会资源的整合利用，节约校园用地。实际统计数据中的职校室外体育用地比例（表2、表3），与建设标准要求的严格程度呈正比，要求最严的高等专门学校有34.3%，相对宽松的短期大学有26.4%，最宽松的专修学校只有6.6%。如果按生均10平方米的用地指标来估算，体育用地的生均指标最高是3.4平方米。在人多地少的日本，能够更多利用周边土地资源供学生进行体育锻炼，而节约出更多的校园用地供实训实习，意义是重大的。当然，专修学校的体育用地比例低，与其不是单纯面对学龄青年、也有很多面对成年人的职业培训课程有关。

六、研究结论

本文对日本职业教育院校校园规划中的空间分布和校园用地指标进行了分析，结论如下：

在空间分布方面，日本职业院校在城市圈密集的地区——东京、名古屋和大阪圈附近地区、本州西部、四国部分地区和九州北部较为集中。职业教育院校的专业布局适应当地产业发展的特征，但在空间上与工业用地的关系并不密切。大城市（以东京和名古屋为例）中以私立为主的职业院校倾向于分布在交通干线密集的城市中心区域，较少分布在工业用地集中的区域。

在校园用地指标方面，与我国职校建设标准不同，日本职校建设标准对校园容积率没有要求，对室外体育用地的要求也并不严格。

综上所述，日本职校在校园规划方面对我国职业院校校园发展的启示有如下几点：

1. 在校园与城市的结合度方面

日本的职校空间分布现状告诉我们，在自然形成的条件下，职校更倾向于聚集在交通方便、配套完善的城市中心区域。然而，根据目前我国职校建设标准中的容积率和体育用地要求，结合我国职校的规模，满足要求的选址地点多是土地相对宽裕的城市郊区。在过去十几年中，郊区的大学造城运动在某种程度上推动了中国的城市化进程，但短时间内的大规模建设和周边配套设施的滞后不可避免地产生了一些缺乏人气的校园，寒暑假校园设施的闲置也很可惜。那么，我国是否有可能像日本一样，让更多的职校在配套成熟的城市核心区扎根呢？职校的引入，不仅能为旧城中心带来人气和活力，也能为周边社区带来教育服务，使终身进修的职业教育成为可能，既能利用周边的资源，本身更是可贵的资源，让更多的社区居民受益。

2. 在土地利用强度方面

如果在城市核心区引入职校校园，可以考虑在容积率的规定上适当放宽，比如达到1。随着我国办学主体的多样化，逐渐可能出现像日本那样按市场价值规律运营的职校，那么在土地逐渐成为稀缺资源的城市中建立高层立体校园也有可能成为符合经济规律的选择，结合更宽松的容积率标准，未来的中国职校也会有更为丰富多彩的校园形态。

3. 在体育用地和场地配置方面

目前我国中等职业院校建设标准对校内体育用地的要求为生均4.4平方米（5000人规模）到9平方米（1000人规模），高等职业院校则需达到最低生均4.7平方米，比日本职校体育用地指标的估算数据（生均3.4平方米）高。适当降低体育用地的生均指标，在城市核心区建设职校校园时有利于提高土地利用强度。

当然，本文所建议的放宽建设标准，并不意味着校园空间质量的降低，因为对体育用地指标放宽的同时，可以像日本职校标准那样通过附加条件（比如校内体育用地减少的话，周边公共体育用地需达标）达到保证学生需求的目的。

我们希望通过在土地利用强度和体育用地配置标准方面的放宽，达到增强校园与城市结合度的目的，鼓励我国职校校园与城市加强互动，加强资源共享，向更加多样化的方向发展。

注释
①地方政府（都道府县市町村）经营为公立。
②名古屋市专修学校数占爱知县三分之二以上，因此我们认为分析名古屋市的院校分布是比较有代表性的。

③日本各行政部门大臣制定的命令，地位次于宪法、法律和政令。

参考文献
[1] 李文英 . "战后" 日本职业教育制度的演进 [J]. 教育与职业，2010（2）：26-29.
[2] 李文英，陈君 . 日本职业教育改革的新进展 [J]. 中国职业技术教育，2010（12）：19-22.
[3] 刘杨 . 日本职业教育发展启示录 [J]. 教育与职业，2009（10）：101-102.
[4] 刘小芹 . 日本职业教育现状考察报告 [J]. 职业技术教育（科教版），2006（1）：79 - 81.

作者：刘玉龙，屈小羽，艾星，莫修权
本研究是教育部国外职业教育学校（园区）规划建设研究课题成果的一部分。原文发表于《南方建筑》2017 年 2 月，有改动。

B20 响应学科发展新要求的大学校园空间规划探索——以康复大学校园规划为例

Exploration of the Spatial Planning for University Campus Responding to New Requirements from Disciplinary Development: Campus Planning for University of Health and Rehabilitation Sciences as an Example

2015 年 10 月 24 日，国务院印发《统筹推进世界一流大学和一流学科建设总体方案》，明确提出以"一流为目标、学科为基础"的原则，加快建成一批一流大学和一流学科，校园空间规划也需要因此作出必要回应。要达到这一目标，规划师与建筑师不仅需要了解学校学科发展的最新动向与需求，还需要重新思考新技术条件下物质空间在教育活动中的价值与定位。

一、双一流背景下，学科发展的新要求

在关少化 2011 年《我国大学学科建设的发展趋势》、余新丽 2014 年《研究型大学战略规划实施的影响因素及效果研究》、别敦荣 2016 年《高等教育改革和发展的形势与大学战略规划》、林建荣等 2018 年《"双一流"背景下高校新校区规划与建设研究——以中国人民大学为例》、刘艳春 2019 年《学科分类体系下一流学科建设的路径选择》、张德祥 2019 年《学科知识生产模式变革与"双一流"建设》、王建华 2020 年《"双一流"建设中一流学科建设政策检视》等学者的研究中，我们大体可以总结出双一流背景下，我国研究型大学学科发展正呈现的四方面特征：

（1）国际化特征

以信息化、可持续化为核心，学科对诸如绿色、零碳、可持续发展、信息、人工智能等全球性话题，必须保持必要的敏感性和贴合度。

（2）整合性特征

学科群、教研结合、产学互促等正成为越来越多高校发展战略中的"常见词"，这意味着传统的学科边界、产学研用边界在逐步被打破。

（3）开放性特征

这一特征以开放共享、友好普惠为代表，新的学科发展对于学科建设参与群体的多样化提出了更高要求，随之全龄教育、产业应用成为学科建设新要求。

（4）多元化特征

由于学科交叉带动下的新学科、新方向层出不穷，学科方向、学科结构、学科组织、学科投入等均需根据学校自身特点和外部需求的变化，作出多样化的调整。

二、校园空间价值的再认识

长期以来，校园空间的价值容易被狭义理解为课程教育的容器，而根据理查德·杜伯（1964，1996，2000）丹尼尔·肯尼（2005）、格里格·海文斯（2008）、约翰·亚伯（2009）、阿莫里·罗文斯（2011）、大卫·戈德查克（2012）、沃尔特·里尔·菲奥（2012）、佩吉·巴莱特（2013）等相关学者的研究表明，除了发挥受信息技术冲击而日渐式微的教学功能，校园空间的价值至少可以归结为如下四个方面：

1. 展现办学理想和价值观

校园往往是一所大学气质的最直观展现，服务社会、绿色环保、开拓创新、止于至善、人文日新，等等，这些在校训中所反映出来的特定大学的办学理念，如果能在校园的空间环境细节中自然传达出来，则更容易对校园使用者——不仅是师生，还包括周边居民、访客等所有参与者——产生潜移默化的影响。同时，校园在建立、强化和促进学生形成可以支撑他们终生保持学习热情、健康的社会道德价值方面，发挥关键作用。

2. 更有利于学习和创新

尽管信息技术使得远程教学、线上教学有了更加丰富的手段，

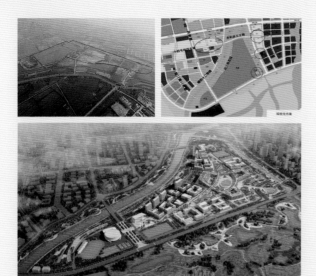

图 1 校园选址分析与规划设计鸟瞰图

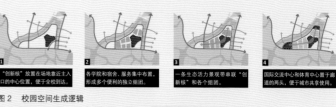

1 "创新核"放置在场地靠近主入口的中心位置,便于全校到达。
2 各学院和宿舍、服务集中布置,形成多个便利的独立组团。
3 一条生态活力景观带串联"创新核"和各个组团。
4 国际交流中心和体育中心置于廊道的两端,便于城市共享使用。

图 2 校园空间生成逻辑

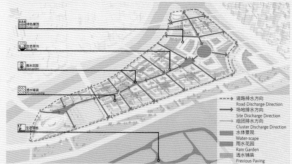

图 3 景观一体化海绵校园系统

学生由此可以更轻松、独立地获取知识,特别是新型冠状病毒感染疫情以来,许多课程教学、师生互动、创新交流都从传统校园搬到了云端,校园虚拟化过程似乎进一步加速,但越来越多研究表明,线下交流对于创新活动的促成仍扮演至关重要的作用,创新空间所应具有的多样性、集聚性、商业性、交融性等特征,都是线上空间目前还不具备的特性。

3. 形成完整的学习生态

《说文解字》中将"教"释为"上施而下效",对应现代学校机制中的与知识相关的课程内容,"育"则是"养子使作善",指的是与价值观、气质养成相关的生态、氛围、体系。因而,校园作为教育行为发生的容器和场所,既提供了知识传承、课程展开的各种教室空间,更应致力于培养学习习惯、鼓励创新发展、引导独立人格养成的氛围营造,在教育目标的全面达成中,发挥关键作用。当云端教学为课程传播提供了更广泛的选择后,校园才能提供的联系不同教学空间、教育建筑的交通空间,多层次景观空间等各种非正式学习空间所形成的系统性环境和学习生态,反而成为信息时代下校园依然存在的最强支撑。特别是在高等教育阶段,有效的沟通能力、思辨能力、竞争能力、学习能力和社会责任感,往往都来源于课堂之外的校园生活。

4. 带动区域发展

国内外的经验都表明,高水平大学校园对于地方经济的高质量发展发挥着巨大的带动作用,从硅谷到波士顿 128 公路走廊,从日本东京—横滨—筑波创新带到打造中的"广深港澳"科技创新走廊,大学的创新带动作用都是不可或缺的。同时,多样的文化活动和大学的激情,为其周边社区提供的文化资源与相关活动,更是确保城市活力和健康发展的积极因素。

三、 康复大学校园规划中的创新与尝试

正在建设中的康复大学项目是我们从学科发展新要求和校园空间价值再认识出发,探索大学校园空间环境规划新思路的一次尝试。

该项目位于青岛市城阳区,基地东侧、西侧、北侧为高新区商务中心,南侧紧邻胶州湾,是一所 10000 人在校生规模、以康复医学为主、相关学科交叉融合的国家级医学院校。新校区总用地约 1360 亩,总建筑面积约 55 万平方米(图 1)。

1. 与国际接轨的绿色校园规划

康复大学校园规划主要从绿色校园与融合校园两个角度,致力与当今国际一流高校对可持续性和人文关怀的热点相接轨,展现高起点、高水平、国际化的办学理念。其中:

(1)与环境共生的绿色校园

整体规划首先将被两侧水系包裹下的靴子形场地对校园规划带来的挑战,转化为校园空间特色的来源,以贯穿场地的连续景观带串联校园不同空间(图 2),同时通过建筑组团间的绿廊,形成中央景观带与两侧自然水体的多重联系,从而将校园环境与自然环境"编织"在一起。

依托树枝状的景观结构(图 3),将组团式建筑内院的下凹式绿地和雨水储存装置,汇集成一个覆盖整个校园的网状雨水收集体系,赋予校园景观系统更多生态内涵。

整体校园采取北高南低、北静南动的空间模式,一方面保留观海视廊,达到最大化利用景观资源目的,同时使得水陆风可以最大限度地惠及多数建筑空间。轻盈的立面材料和遮阳、防风等建筑措施在建筑立面的体现,则让建筑形象全面反映滨海建筑的微气候环境特色(图 4)。

根据《青岛市绿色建筑与超低能耗建筑发展专项规划(2021-

图 4　校园建筑风貌　　图 5　绿色建筑等级分布

表 1　不同类型建筑采用的绿色建筑技术措施

建筑类型	建筑单体	建筑特点	技术措施
综合建筑类	1# 综合共享中心、2# 公共教学和公共实训中心、3# 创新驱动中心、16# 国际交流中心、26# 学术会堂	强调建筑开放、高效、健康、低碳	围护结构性能、节水器具、绿色照明、信息化管理平台与绿色建筑宣传展示平台、绿色建材、$PM_{2.5}$ 控制、空气质量监测、无障碍设计、室内空间共享、中庭采光、自然通风、气流组织优化等
教学楼类	5# 中医康复学部、6# 神经与心理科学学部、8# 康复科学与技术学部、9# 公共实验楼、10# 智能科技与装备学部、11# 生命信息与书库科学学部、13# 动物实验中心	聚焦健康、高效	直饮水设计、人体工学设计、运动楼梯间、自然通风、自然采光、室内色彩环境设计、节能灯具、室内照明质量等
行政办公类	7# 行政楼	倡导建筑高效、健康、舒适	围护结构性能、高效冷源、室内照明质量、人体工学设计等
宿舍建筑类	本科生楼（14-9、13、15#）、硕士生楼（14-7、8、11、12、14#）、博士生楼（14-4、5、6#）、留学生楼（14-1、2、3、10#）、教师单身公寓（15#）	承担居住功能，建设高效、健康、舒适、低碳的建筑	直饮水设计、自然通风、自然采光、绿色照明、隔声、固体废弃物、无障碍设计、全装修、可再生能源、人体工学设计等
文体设施类	12# 学生活动中心、20# 体育馆	突出建筑开放、高效	绿色照明、高效冷源、排风热回收、空气质量监测、气流组织优化等
配套设施类	17-1# 北区食堂、17-2# 南区食堂、19# 总务仓库及后勤员工宿舍、21# 校医院等其他建筑	与公共空间有效衔接	防滑地面、公共设施配置、自然通风、自然采光、健康饮食宣传等

2025 年）》要求，新校区实现 100% 绿色建筑二星级，其中"创新核"建筑为绿色建筑三星级。并结合建筑类型特征，差异化提出适应性绿色建筑技术措施，为师生提供健康、适用、高效的使用空间及高质量建筑（图 5，表 1）。

（2）全龄友好的健康校园

康复大学进行了校园无障碍环境专项设计，为学生提供一个多元包容的校园环境，让学生从身边的点滴理解通用无障碍理念。结合康复类学科特点，康复大学校园无障碍环境建设的创新特色主要体现在：

将校园环境作为康复学科的室外实验场所，形成以"康复教学、康复研究、康复体验"为主题的康复路径，设置康复花园、园艺操作、冥想空间、坡度爬升等健康疗愈设施，通过小型喷泉、风铃装置、不同材料触感的景观小品、明快色彩的校园家具、芳香性无毒植物配置等多种手法，营造包括听、触、视、嗅等在内的多感校园空间环境，形成融合包容的人性化环境和体现康复疗愈功用的健康校园。

将创新核大坡道打造为校园康复景观路径的核心，同时作为功能场景单元的联系与转换枢纽。坡道标高与建筑楼层标高相结合，提升创新核垂直层面无障碍通行和疏散的能力（图 6）。

优化公共开放空间和东西两侧滨水环境等景观要素中的无障碍设计，营造亲自然的环境，重塑人与自然、人与健康的关系。

针对图书馆、校史馆、学术会堂、体育中心等人员密集场所的人流特征，在无障碍的负荷容量及重大活动的应急与疏散等方面进行优化，提供临时活动与重大事件的无障碍解决策略（图 7）。

2. 呼应学科交叉要求的复合校园

作为一所面向未来的新建大学，校方对于探索大学校园空间的创新性——鼓励创新的空间模式——有着很高的期待，规划设计团队在分析了学科交叉主导下的大学校园发展最新趋势后，主要从以下两个角度对此作出回应。

（1）集成化模式

我们在校园几何中心构建了一个复合化"创新核"综合体（图 8），辅以串联校园西侧和北侧各教学、生活组团的连续坡道，形成具有多元性、集聚性、社会性特征的校园创新活动的中心景观，同时由于其位于整个校园的主入口，也成为校园与社会进行信息交流的枢纽性建筑。

这一 18 万平方米建筑面积的校园综合体包含了：1 个按照数字图书馆模式打造的，融合了传统图书馆的藏阅功能、未来图书馆的知识服务功能、校史馆的博览功能、信息中心的数据功能、计算机教室的多媒体功能，以及咖啡、工坊等休闲服务功能的综合共享中心；1 个具备公共教学和模拟医院功能的公共教学与实训中心；1 个包含与康复产业对接的国家重点实验室和校级大型公共实验平台的创新驱动中心。

集成化模式还体现在以学部为基本单元的学科建筑群落，中医康复学部与公共教学与艺术学部、康复科学与技术学部组成西部学科群落，神经与心理科学学部与智能科技与装备学部、生命信息与书库科学学部组成北部学科群落，共同形成创新核的两翼。学科群落、学生宿舍、师生活动中心和食堂等沿中央景观带逐次展开的校园建筑，均在首层设置了咖啡厅、学习室、社团中心、自习空间等非正式学习空间，最大限度地将校园不同类型建筑联络形成一个紧凑的学习社区。

（2）通用化设计

规划设计借鉴模数化设计理论，在精准优化结构、机房、疏散楼梯间等未来不可变的辅助部分规模和位置的基础上，对普通教学、小组教学、大班教学、公共实验、科研实验等典型模块，展开可变性设计，并在此基础上，形成通用的机电、排污与设施接口，借以

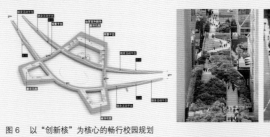

图6 以"创新核"为核心的畅行校园规划

图7 校园无障碍设施布局规划

图8 作为校园形象与活动中心的"创新核"建筑形象

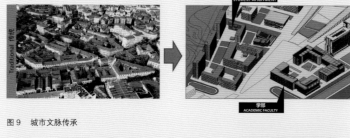

图9 城市文脉传承

图10 采用耐盐碱植被形成独特的滨海校园景观

应对新建大学在不断发展中可能面临的各种不确定性。

3. 尊重地方文脉的开放校园设计

（1）基于自然与历史的地域性探索

根据对青岛老城区城市肌理的分析，提取最具特色的非连续性街区路径与合院式建筑特征（图9），作为康复大学校园空间组织的基本语言，遵循红岛开发区城市色彩总体要求，以浅色石材或仿石涂料为基础色，以透明玻璃和崂山红、木色为跳色组成校园的主色调，从而取得新校园与地方文脉从空间基因到色彩、材质的全面继承。

结合场地土壤盐碱化严重的现实，采用滨海地被植物和抗盐碱植物（图10），形成养护成本低、具有显著地域特色的校园景观环境。

（2）与城市共享的开放校园

基于对21世纪由知识共享性与流动性增强带来的大学校园更高开放度趋势的判断，规划在三角形校园的三个角部分别设置了体育中心、创新中心和对外交流中心三组对外开放度最高的功能组团。由于大学东侧与市级体育休闲中心距离仅2公里，因此取消原中标方案中位于校园北侧的标准运动场，减轻了校园建设的压力，也提高了城市设施的利用效率。位于校园中部、与东侧主校门正对的图书馆，可以面向城市开放，在为城市居民提供文化服务的同时，也为校园引入了难得的城市活力，城市共享设施与位于校园入口的城市开放广场一起，将校园与城市连接在一起（图11）。透过城市—校园设施之间的共享，强化校园与城市的更深度融合，形成相互促进的良性关系，为校园成为促进青岛新旧动能转换的积极因素埋下伏笔。

四、结语

在"围绕一流学科进行高校建设"成为我国高等教育领域发展新战略的今天，以学科发展指导校园空间的配置与优化，建设高水平、综合性、突破型学科平台，正成为大学建设全面走向高质量发展新阶段，研究型大学校园空间建设的核心目标。围绕国际化、整合性、开放性与多元化的学科发展新趋势，从校园规划自身逻辑出发，可能采用的空间设计应对策略（图12）大致包括：

（1）土地利用方面：以生态学为基础的尊重自然的空间利用方式，兼顾以人为本要求和创新活动需要的适宜密度控制。

（2）功能规划方面：与周边城市、社区共融共通的总体格局，适应学科交叉与持续发展需要的复合弹性结构——综合体结构、沟通廊建设等。

（3）景观结构方面：营造层次丰富、鼓励交往的场所空间，赋予景观空间诸如海绵、疗愈、教育等更多元内涵的设计。

（4）交通系统方面：通过引入交通需求管理——以承载力而非需求为度的校园交通需求控制，降低校园机动车交通压力，鼓励参与和交流的校园步行系统规划等。

（5）建筑风貌方面：自然气候响应的有机建筑形态营造，具有高效弹性、环境感知和精明分配特征的智慧教学研建筑，以及更为公共化的功能设置（如首层功能的开放化、宿舍等生活设施功能的复合化）等。

康复大学的设计实践是以学科发展规划为出发点，全面指导校园空间规划，并由此尝试从办学理念、创新促进、完善教育生态、促进经济发展等方面，重新发现和认识校园空间价值的一次全新尝试，其效果如何有待于未来的师生给予评判。我们期待在校园建成并投入使用一定时间后，能有机会对其实际使用效果开展全面的后评估，从而让我们的思考形成闭环结构。无论评估结论如何，我们相信那将是一项更有价值和启发性的工作。

图 11　与城市共享的校园设施

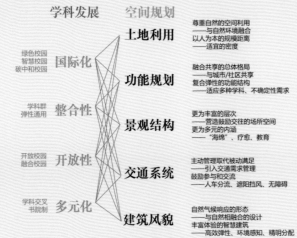

图 12　学科发展目标指导下的校园空间规划逻辑

参考文献

[1] 关少化 . 我国大学学科建设的发展趋势 [J]. 江苏高教，2011（5）：36-38.

[2] 余新丽 . 研究型大学战略规划实施的影响因素及效果研究 [D]. 上海：上海交通大学，2014.

[3] 别敦荣 . 高等教育改革和发展的形势与大学战略规划 [J]. 鲁东大学学报（哲学社会科学版），2016，33（1）：76-82.

[4] 林建荣，王春，施文凯 . "双一流"背景下高校新校区规划与建设研究——以中国人民大学为例 [J]. 中国人民大学教育学刊，2018（4）：68-80.

[5] 刘艳春 . 学科分类体系下一流学科建设的路径选择 [J]. 江苏高教，2019（8）：8-14.

[6] 张德祥，王晓玲 . 学科知识生产模式变革与"双一流"建设 [J]. 江苏高教，2019（4）：1-8.

[7] 王建华 . "双一流"建设中一流学科建设政策检视 [J]. 苏州大学学报（教育科学版），2020，8（2）：41-50.

[8] DOBER R P, Campus planning[M]. New York: Reinhold Pub. Corp., 1964.

[9] DOBER R P, Campus design[M]. New York: John Wiley & Sons, INC., 1992.

[10] DOBER R P, Campus landscape: Functions, forms, features[M]. New York: John Wiley & Sons, INC., 2000.

[11] KENNEY D R, DUMONT R, KENNEY G S. Mission and place: strengthening learning and community through campus design[M]. Westport, Conn.: Praeger Publishers, 2005.

[12] HAVENS, G. The role of sustainability in campus planning[J]. New England Journal of Higher Education. 2008, (23): 2, 28-29.

[13] ABER J, KELLY T, MALLORY B. The sustainable learning community: one university's journey to the future[M]. New Hampshire: University of New Hampshire Press, 2009.

[14] Amory B. Lovins and Rocky Mountain Institute. Reinventing fire: bold business solutions for the new energy era, White River Junction, Vt.: Chelsea Green Pub., 2011.

[15] GODSCHALK D R, HOWES J B. The dynamic decade: creating the sustainable campus for the University of North Carolina at Chapel Hill, 2001-2011[M]. NC: University of North Carolina Press at Chapel Hill, 2012.

[16] FILHO W L. Sustainable development at universities: new horizons, Frankfurt am Main[M]. New York : Peter Lang, 2012.

[17] BARLETT P F, CHASE G W. Sustainability in higher education: Stories and strategies for transformation (urban and industrial environments)[M]. Cambridge, Mass.: MIT Press, 2013.

[18] 周凤华，王真龙，黄献明，等 . 绿色校园正向设计路径及其应用研究 [J]. 高校后勤研究，2022（1）：29-32.

作者：刘玉龙，黄献明

原文发表于《城市建筑》2022 年第 7 期，有改动。

A12 长安大学师生活动中心
Student and Staff Center, Chang'an University

师生服务大厅室外外廊

A12　长安大学师生活动中心

项目地点：陕西，西安
建筑面积：5657m²
设计时间：2020-2020
竣工时间：2021

　　长安大学乃多校合并而成，各校区均小而拥塞，唯渭水校区乃新征地而建，尚有发展空间。自校领导决议将长安大学渭水校区作为主校区以来，各项设施需求列上日程，其中迫切需要的就是便于教师、学生日常各种事务的办事大厅和校行政会议用房。

　　渭水校区校园最初规划为正方形用地，但实施期间因城市道路建设将南半部悉数去除，仅剩北部长宽比为1：2的部分。原规划中居中的圆形大广场，在用地减半的校园中过于空旷，遂修改其规划，增加内容，将广场改为绿地，在靠近行政楼一侧建设一弧形小建筑，以满足上述使用之需求。

　　设计期间阅读了卡尔维诺的《看不见的城市》，其中一章写道：

　　灰石建造的城市菲朵拉的中心有一座金属建筑物，它的每间房内都有一个玻璃圆球。在每个玻璃圆球里都能看到一座蓝色的城市，那是另一座菲朵拉的模型。菲朵拉本可以成为模型里的样子，却由于种种原因变成了现在我们所见到的模样。在每个时代里都有某些人，看着当时的菲朵拉，想象着如何把她改建成理想的城市，然而当他们制作理想城市的模型时，菲朵拉已经不再是从前的城市，而那个直至昨日还是可能的未来城市也就只能成为玻璃球里的一件玩具。

　　今日收藏那些玻璃球的建筑物是菲朵拉的博物馆。每位来参观的市民，选择符合自己愿望的玻璃球里的城市，端详着，想象着汇集运河水的水母池中倒影的飘逸（倘若它今日没有干涸的话），想象着骑在配有蓬伞的象背上，行走在大象专用道上的滋味（可现在已经禁大象进城了）。想象着顺着清真寺螺旋形塔尖往下滑行的乐趣（可现在连塔身的基础都找不到了）。在你的帝国的版图上，伟大的可汗啊，应该既能找到石头建造的大菲朵拉，又能找到玻璃球里的小菲朵拉。这并非由于她们都同样真实，而是由于她们都同样是假想的。前者包含了被当作必须而接受的东西，但其实尚非不可或缺；而后者被想象为有可能存在，但瞬间之后就再也不可能了。

　　卡尔维诺对空间的叙事和隐喻给我们很大的启发，在这样一个缺乏历史、缺乏脉络的校园内，这个学生入学要来办手续、学期中要在此注册、毕业要在此应聘的场所，何尝不是一个映射理想和现实的相互对照和变形的空间？在此理想（想象）一步步变成现实（真实），而真实也可能是扭曲而成为一种想象的映射。因而，我们需要一种镜面，一种不是特别平的可以扭曲变形的镜面。

　　建筑按照总体规划的格局要求，以一栋扇形的 2 层建筑为设计起点，一层作为师生办事大厅，二层设计若干会议室，通过天桥和行政楼相连，既可以供行政人员会议使用，亦可以供全校师生各种会议活动使用。

　　建筑物采用一种"外拱梁—框架"结构体系，以现浇清水混凝土为建筑材料，此亦隐喻长安大学之办学特色：以公路、桥梁专业为特长，清水混凝土的连续拱在桥梁中是常用的技术。因平面为扇形，故沿半径放射形成三层不同尺寸的连续拱，构成一定的序列感。第一层拱为室外空间，侧边饰以不锈钢饰面，市面上能选到的最厚的镜面不锈钢板为 0.5cm 厚，不够平整，但正好符合对于扭曲映射的需求，遂选之，以铆钉钉于拱廊之侧面，岁月流逝，不变的是年轻的面孔每每经过反射出多个自己的拱廊。在拱廊前设置五级台阶，因其为弧形，特别适合照相，入校照相至毕业照相，镜面中可能形成多变的自我，经年将形成校园的共同记忆。

设计过程中，学校觉得会议研讨空间需求很大，希望增加会议室的数量，但总体建筑高度受规划协同限制不宜太高，经过反复测算，将一至三层顶标高设置为4.8m、8.7m、13.3m，控制总体高度为13.9m，将屋顶梁格做反梁至屋面上，以使拱的比例和高度适宜，最终增加了5间会议室，满足了学校的使用需要。

室内办事大厅活动区通高，侧边以木制格栅饰面，形成高耸的、确定的、具有仪式感的空间，隐喻办事是具有仪式感之活动。

室外广场中遍植樱花，乃因原主校区长安公路学院校友印象最深的校园记忆一为主楼前之雕塑，二为主楼后之樱花。故以新的樱花林构成两个校区的共同记忆，特别在4月长安大学校庆之时，春花烂漫，形成校园的一个网红打卡之地。

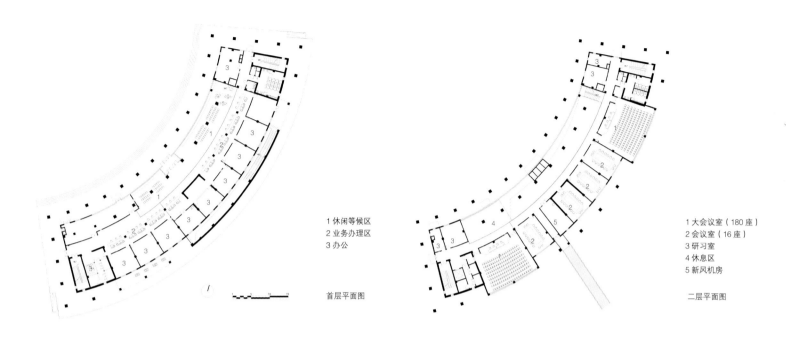

1 休闲等候区
2 业务办理区
3 办公

首层平面图

1 大会议室（180座）
2 会议室（16座）
3 研习室
4 休息区
5 新风机房

二层平面图

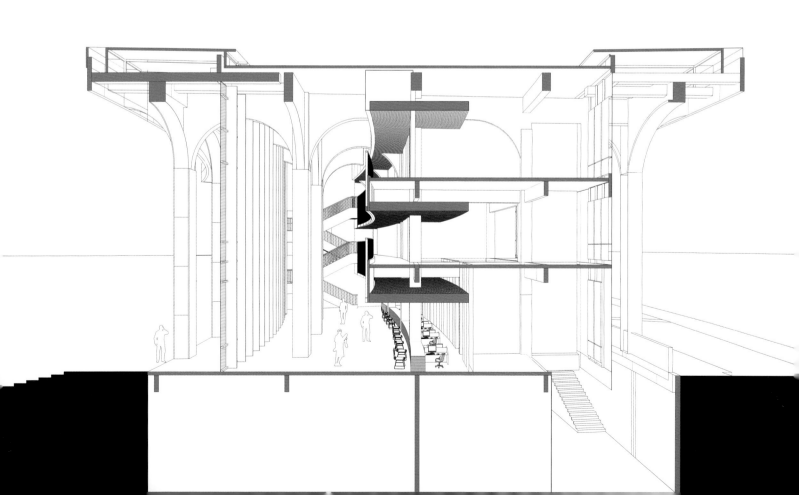

A13 武汉工程大学教育教学综合楼
Teaching and Administrative Building of Wuhan Institute of Technology

A13　武汉工程大学教育教学综合楼

项目地点：湖北，武汉
建筑面积：23134m²
设计时间：2019-2020
竣工时间：2022

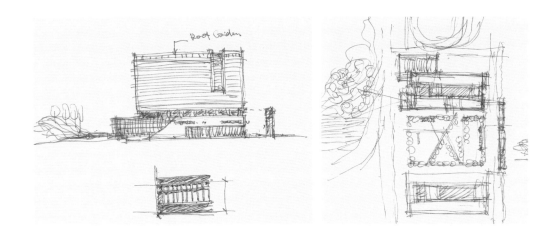

前后：建筑作为"前线"

教育教学综合楼建筑看似独立自洽，实则其设计仍基于对建筑与所在环境关系的考量。项目用地决定了建筑的朝向状态——以其南侧长边面向同期新建的景观广场，而以其西侧短边面向校园既有中心花园。新建景观广场严整对称，以纪念性服务于重大活动，既有中心花园自然优美，以日常性服务于师生生活。上述二者，成为建筑同时面向的两个"前方"：以建筑坐北朝南的习惯，建筑以南侧景观广场为前，以北侧运动场和看台为后；而以风景优先的园林视角，建筑则以西侧中心花园为前，而以东侧校园围墙和城市道路为后。面向两个前方，需有两种不同的表情——方案以南侧简洁整体、清晰明确、沉稳内敛的立面形象塑造景观广场的背景界面，而以西侧灵活发散、层次丰富、尺度近人、通透开放的建筑体量衔接周边建筑和景观环境。建筑主入口的斜向墙面，将景观广场纳入作为室内首层校史馆的室外延伸，而建筑西侧上下一贯的玻璃幕墙，则体现出在中心花园吸引下建筑向风景开放的意愿。作为建筑与景观短兵相接、交互作用、彼此渗透的主界面，"前方"成为"前线"。

事实上，将视点拉远，上述东西方向的前后关系，还涉及更大尺度的设计问题，即建筑作为校园与城市之间沟通、过渡媒介所起的作用——在这里，"前线"扩展为建筑全体。建筑一方面需要体现武汉工程大学校园的风格特点并进一步提炼、树立学校自身的可识别性，另一方面需要成为与光谷新区建筑环境和谐共生的城市地标。我们试图以工程类学科理性明晰、质朴有力、趋新求变、着眼未来的特点作为校园与城市的结合点，以自然材质的大尺寸清水混凝土条板干挂幕墙为建筑主要外墙饰面材料，在呼应校园既有建筑蓝灰色调的同时形成新旧对话，薪传不废赓续，鼎革有所新造。

上下："接地"与"凌空"

一座建筑，尤其是高层建筑，上部与下部往往有别，原因既有二者与外部关系的天然差异，也有自身功能的内部区别。综合楼首层至三层主要容纳校史馆、报告厅、档案馆和会议区等功能，房间尺寸大、形状多样、公共性强且对自然光线要求低，外部相应呈现开窗少、实墙多和室内外楼梯通达各处的面貌；而四至九层主要为行政办公用房，房间尺寸小、形状规律、公共性弱且需要充足的采光，外部相应呈现开窗多、实墙少和单元母题并置重复排列的形态。加之建筑首层需满足人员出入等需要，建筑"接地"的部分在原几何形体边界轮廓上减缺退让出檐下灰空间，进一步丰富了建筑下部的形象。建筑上部与下部以三层屋顶的室外活动平台相区隔，表情上一虚一实，而气质上一静一动——实而动者接地，虚而静者凌空。

作为空间核心，上下两部分拥有各自的中庭——下部中庭以贯通首层至三层的大台阶和上方校徽为主要空间要素，辅以木色装修的吊顶、格栅和墙面等空间界面，营造富于仪式感和纪念性的空间氛围；上部中庭则以大面积玻璃天窗引入充足明亮的自然光线，在白色墙地面上投下依时变幻的光影，与中庭内的斜向连桥和弧形悬挑楼梯一道，形成清新明亮、舒适宜人、便捷高效而轻松活跃的空间体验。动中有静，静中有动。

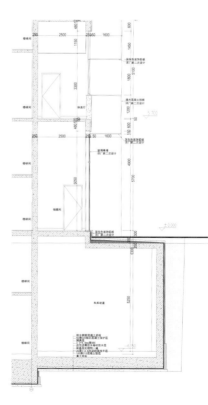

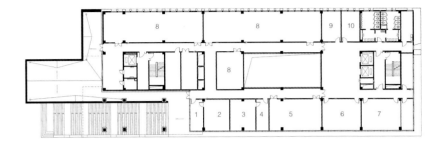

1 专用查档
2 涉密档案库房
3 干部人事档案库房
4 专用查档
5 学生档案库房
6 阅档室
7 大办公室
8 档案库房
9 目录室
10 查档登记

三层平面图

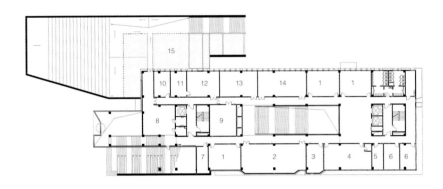

1 综合学习室
2 中型会议室
3 候会室
4 贵宾接待室
5 会议服务中心
6 综合学习室
7 储藏
8 休息厅
9 新风机房
10 影像处理加工
11 数字化加工
12 档案整理消毒室
13 预留会议室
14 中型会议室
15 种植屋面

二层平面图

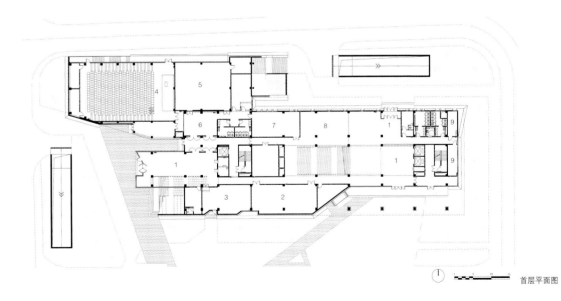

1 门厅
2 校史馆展厅
3 安防消防监控室
4 校史馆报告厅
5 学生服务中心
6 会议前厅
7 校史馆会客厅
8 校史馆开放展厅
9 储藏

首层平面图

内外：壳体，或有深度的边界

综合楼建筑的形式语言和细部出自对当地气候的回应。由于武汉夏季高温且光热同季，提供有效遮阳成为建筑围护结构的主要任务之一，对建筑节能和室内热舒适意义重大。建筑南立面统一设置通长水平外遮阳，屋顶设置荫蔽人活动和设备摆放的遮阳廊架，并以此二者作为建筑形象的主要表现对象，形成建筑最具控制力和可识别性的外观特征。建筑东西立面的玻璃部分深深凹入后退，形成事实上的竖向遮阳，解决贯通观景视线和阻隔东西日晒间的矛盾，而北立面则仅将遮阳构件自然退化为同位置凸出较少的水平线脚。上述做法，实际可以看作是将单层的墙面与屋顶进行拆分，形成具有结构和空间深度的气候边界，建筑立面也因此获得了属于自己的、大小变化的景深，从内外"一刀切"的单薄表皮，变为丰富立体、光影生动的有用空间。

至此，建筑自内向外，形成了从大中庭到中小使用房间，再到由外墙、屋面和细密遮阳构件组成的围护边界这一实体密度逐渐增加的圈层结构序列——一个内外密度渐变的壳体。我们可以将这个壳体视为综合楼建筑的原型，推而广之，也许也可看作一切建筑的原型。

A14　山东大学动物实验中心

项目地点：山东，济南
建筑指标：12813m²
设计时间：2014-2018
竣工时间：2022

面临挑战

2014 年 7 月一个小雨霏霏的夏日，我第一次来到项目现场。静谧美丽的校园、深厚积淀的历史让人印象深刻，而用地内随意散落在水塔周边的瓦砾、垃圾、残垣和零落一隅的美德楼亟待修补与整合。

挑战来自文物保护要求、地形高差和建筑功能几个方面。第一，水塔和美德楼分别是全国重点文物保护单位和省级文物保护单位，其中后者是齐鲁大学第二座女生宿舍，新建建筑需要在风貌、高度和与文物建筑间距等方面进行控制，而根据《济南市明泉保护条例》要求，用地地下开挖深度不能超过 12m。第二，项目用地南高北低，中部有一高差 3m 的陡坡，水塔位于陡坡较高的 2m 处，而美德楼位于北侧低处。第三，项目功能为动物实验中心，在满足《环境影响报告书》要求的同时，作为近代医学基础研究所催生的实验建筑类型，其功能以及流线、工艺、设备等要求非常复杂，设计需要专业团队的支持。

甘当配角

建筑师经常不自觉地将自己设计的建筑作为场所中的主角来对待。然而在这个项目里，最重要的定位就是让新建建筑成为场所中的配角，从空间关系上更好地衬托出水塔和美德楼。

具体的策略是：建筑布局上，以水塔为首要元素，尽量使新建建筑远离它，从空间上给予其足够的尊重，并从视线的方向形成塔周边的建筑高度控制范围，建筑体量是不同建筑控制线交集的剩余部分；以美德楼为次要元素，建筑可在不破坏其建筑基础的前提下靠近它，以争取新建建筑和塔的最大空间。体量关系上，大体量的新建建筑在小体量的文物建筑面前以谦逊的姿态存在。近 1.3 万 m² 的建筑总面积中，有 7500m² 置于地下。通过在建筑北侧设置宽 5m、长 30m 的下沉庭院，有效提升建筑地下空间的利用价值，并顺利解决其物流、消防、采光、通风及动物室外活动等一系列问题。地上的建筑体量则被再次分解成两组平台和 7 个 1～3 层的小房子。这些小房子越大，离水塔则越远——它们匍匐在塔周围，缝合校园空间，填补出更为完整的天际线。

通过这种围合退让、化整为零、单体组合的策略，加以在建筑细部设计和室内空间营造上的努力，设计力求在取得与文物建筑和校园环境良好关系的同时，获得更加灵活实用、温和近人、舒适贴心的空间与氛围，使建筑与环境在远观低调无奇的外表下，蕴藏一个细腻微妙、令人惊喜的内部世界。

敬畏生命

由于项目的特殊功能，其设计同时还关乎精神性与纪念性——通过设计，生与死的问题在此得到思考和探讨。在这里，人类医学的进步建立在实验动物生命代价的基础上，这种不可避免的无奈和矛盾不容忽视，需要得到设计上的回应。

从此理念出发，以简素克制的草木、苔痕、石阶为语言，庭院被设计为禅意的、慰藉的、充满精神与纪念性的场所。庭院一角设置慰灵碑，是对作为实验主体的人和作为实验对象的动物的双重慰藉与关怀。建筑与景观共同构成的空间环境，触动人对生命和医学的敬畏之心，也引发人内心世界对生命意义的冥思。

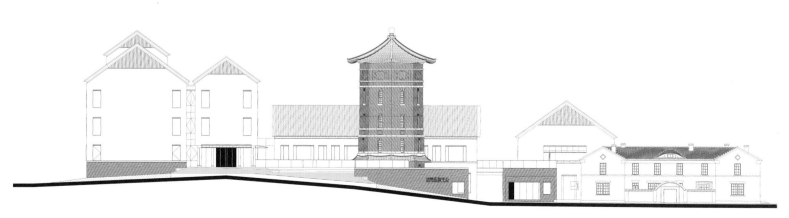

立面图

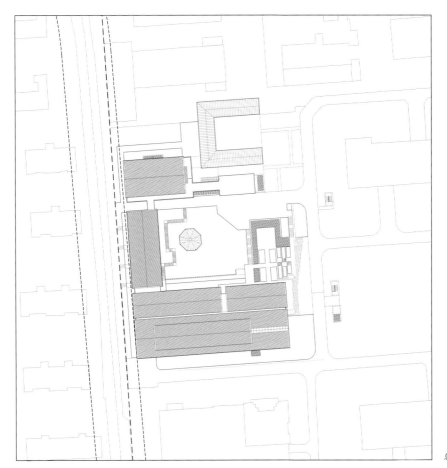

总平面图

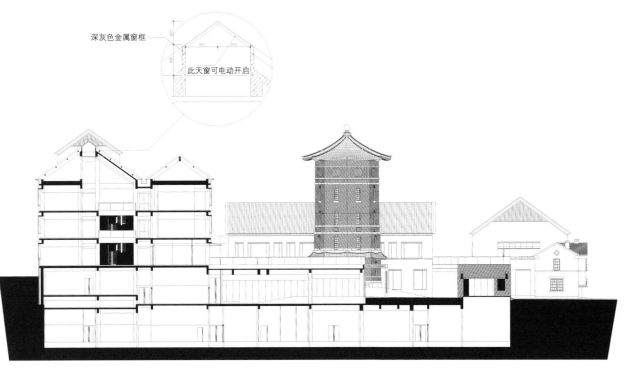

深灰色金属窗框

此天窗可电动开启

剖面图

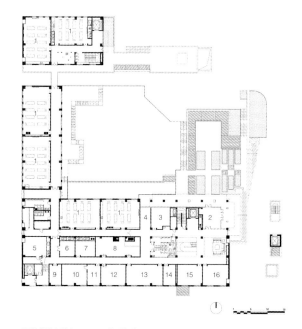

1 门厅	9 加压机房	17 遗体库
2 报告厅（86座）	10 解剖室	18 标本制作
3 变配电室	11 洁净室	19 遗体捐献
4 库房	12 小动物观察	20 医学解剖用房
5 动物打包	13 查疫观察间	21 消防监控室
6 动物房	14 普通级动物房	
7 消毒前室	15 清洗间	
8 消毒后室	16 空调机房	负一层平面图

1 解剖教学实验室	9 核磁机房
2 门厅	10 小动物核磁
3 接待室	11 控制室
4 咖啡间	12 总值班室监控室
5 斑马鱼实验室	13 资料室
6 研究准备室	14 暖通水箱间
7 库房	15 办公室
8 网络机房	16 会议室

首层平面图

1 微生物实验室　　9 文本档案　　　17 培训室
2 消毒室　　　　　10 库房低温冰箱　　18 技术人员办公
3 细胞实验室　　　11 供品保管　　　　19 办公
4 供试品分析室　　12 供品配置
5 生殖毒理实验室　13 供试品分发
6 病例毒理实验室　14 会议室
7 病理技术　　　　15 污品处理
8 数字储存　　　　16 病理档案　　　二层平面图

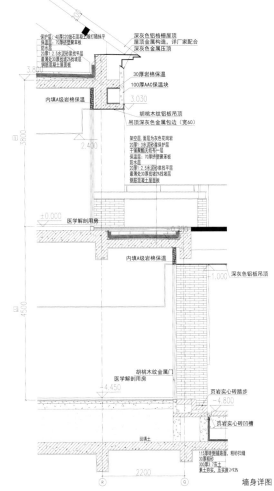

墙身详图

B21 走向"非简单开放"——大学校园建筑"开放性"问题刍议

Towards a Dialectical Openness: Thoughts on the Openness of University Campus

一、开放校园:一个核心问题

"开放校园"是近年我国大学校园建筑规划建设领域的热词,而其所反映和代表的大学校园与城市的关系问题,历来是大学校园建筑规划设计的核心问题之一。

1. 开放校园视角下的大学校园建筑

近现代意义上的大学之诞生,可以追溯至中世纪的欧洲,而通常公认以 1088 年建立的博洛尼亚大学(Università di Bologna)为其肇始。该校历史悠久的校舍从单体城市建筑发展而来,至今仍以面向城市、融于环境的开放姿态坐落于博洛尼亚古老的黄墙红瓦之中。与之近似,以牛津大学(Oxford University)、剑桥大学(Cambridge University)等为代表的早期西方大学,均体现出与城市紧密融合并无明确严格的围墙式边界的特征,但同时也逐渐形成有相对完整范围和独立环境的大学"校园"(图 1)。需要说明的是,历史上这些大学身处的市镇规模相对有限,因而校、城实际互为彼此,城即是校,校即是城,二者也就没有硬性划分的必要和可能了。虽然历史上这些大学几乎都经历过所谓市镇与学袍(town and gown)之争,但即使学校与城市间曾经彼此敌对甚至不乏腥风血雨,数百年后,二者仍然最终成为水乳交融、互惠共赢的整体,而非反之——这本身或许可看作人们长时间以来对校园与城市关系问题探索的成例与先声。以欧洲为滥觞,校园式的大学在美国得到进一步发展,为数众多的大学以其为模式进行建设,而作为其空间组织单元的院落从传统的四合式向三合式松动转变,并结合当地的殖民地式建筑风格(Colonial Style),定型出以红砖外墙和草坪庭院为显性特征的典型大学校园形象,影响广泛。

另外值得注意的是,上述意义的"校园"并非大学建筑的唯一范式。这里姑且除去大量以少数单体建筑为校舍的大学或职业学院不谈,即便是具有成规模校区的大学,在历史和现实中也同时有着与城市结合更为紧密、开放程度更高的城市型校舍模式。位于波士顿市中心的东北大学(Northeastern University)、波士顿大学(Boston University)等都是此中特征鲜明者(图 2)。东北大学地处波士顿市中心,波士顿美术馆(MFA)、波士顿交响乐团音乐厅(BSO)和基督教科学中心(Christian Science Center)毗邻环列;而波士顿大学则线性分布于查尔斯河畔,贯穿校区而过的城市干道和城铁绿线,串联起两侧的图书馆、体育馆和教学实验楼,咖啡厅、便利店、书店、餐厅等设施穿插其间。两校获益于充满文化与活力的城市氛围,自身师生的教学生活又成为反哺城市的动人景致,令人印象深刻。不仅如此,随着西方世界在战后所发生的社会变化,精英式的高等教育开始逐渐走向普罗大众,更多空间模式多元开放的新大学陆续出现。

综上可见,虽然具体情况和开放程度存在个体差异,但大学出于其与所处环境在社会、文化上的天然联系,其空间模式总体历来均可被看成是广义的"开放校园",或者说大学校园带有某种先天的"开放性"。时至今日,这种校园的开放性仍然有增无减,尽管确也面临安全性及日常管理等方面的挑战和反思。在此语境下,诸如伊利诺伊理工大学(IIT)的麦考密克论坛报校园中心(McCormick Tribune Campus Center)和哈佛大学的哈佛广场(Harvard Plaza)等较为晚近的校园新建或改造项目,即体现了在采取相应措施回应安全及管理问题的前提下,继续将开放校园理念以社会与城市的视角深入至建筑尺度和景观层面的努力与尝试(图 3、图 4)。

2. 我国大学校园建筑规划建设中的开放校园问题

伴随我国高等教育在过去二十余年间所进行的大规模增量扩张,作为中国高速城市化进程的一部分,全新建设的大学新校区乃至规模庞大的大学城在各地纷纷涌现,我国因此成为世界范围内大

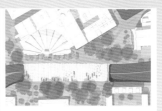

图1 剑桥大学校园　　图2 波士顿大学校园

图4 哈佛广场实景照片及总平面图

图3 麦考密克论坛报校园中心实景照片及总平面图

学校园建筑规划建设的新生力量。

　　而历史上，作为近代"中体西用"思想的产物，我国大学虽然基本继承西方大学校园模式，却因其特殊的历史背景和社会条件，从一开始便呈现出自身更趋封闭、与外界相互区隔的特殊倾向，而这种倾向又经历曲折复杂的历史过程延续至今。目前，除湖南大学、湖南师范大学等少数校园为开放街区模式外，绝大多数新、老大学校园仍以由实体围墙和校门组成的清晰边界面对城市，规划上缺乏校城、校校之间有益且必要的融合互动，难以形成新大学建设对城市科学文化、社会经济和市民生活所应起到的积极影响和引领带动作用。当然，即便如此，封闭校园在其日常运行管理中，也往往对城市和社会存在不同程度的开放共享现象，例如校门准入并不严格执行持证入校，以及校园体育设施和运动场地对周边社区居民开放等。

　　当下，因应全球数字信息时代的到来和我国社会发展、教育进步对大学物质空间环境提出的新要求，响应新技术给传统教育空间带来的新影响和新可能，建设"开放校园"渐成各界共识与呼声，并愈发广泛地见诸各地大学校园建筑规划建设的任务书，可谓大势所趋。然而，由于现实中的种种困难与矛盾，开放校园作为一种理念，在其落地实施的过程中仍不免遭遇重重阻力。在此背景下，将开放校园即大学建筑与城市的关系问题作为研究对象进行深入、自觉的理论思考和设计实践，并以其为视角对建成环境进行审视与反思，已是我国当代教育建筑规划设计所必须面对的重要课题。

二、开放性：一个概念及其三个维度

1. 开放／封闭：物理空间维度的开放性

　　校园开放性的第一个层级是其物理空间上的开放性。其不仅包括了前述校园空间与所在城市空间之间业已长久存在的开放融

合，也包括更进一步的，校园空间与周边自然生态环境之间的开放融合。

　　当代校园空间，正将生境保护、生态修复、海绵、低碳等纳入自身价值和目标系统，通过在用能、用水、用材等方面更为精准细腻的处理，例如一体化可再生能源、海绵校园、轻量化结构、地方材料的使用等，在减少校园建设及使用全生命周期对自然环境的索取与压力、达到基本生态性能及效益的同时，贡献于身心疗愈、景观审美乃至价值教育等多层次、全方位目标的实现，从而使其自身成为可持续发展的基础设施、可持续研究的生动教材，以及与自然和谐相处的价值体现。[1]

　　而这种旨在与自然有机融合的开放性，实际与1960年代开始日益兴起的环境意识有着密切联系。受广泛出现的环境问题所激发，人与自然的关系随着人们对现代主义——且不仅是建筑领域的现代主义——及其所礼赞的所谓机器时代（machine age）及人造物的普遍怀疑而被重新审视，汽车以其曾被神圣化的一贯速度载着人定胜天的狂想一道走下神坛。环境问题只是这种环境意识的导火索，而对其形成起到更重要作用的，是一种对自然的崭新观法，即人类建成环境与自然环境，或者说人与自然之间并非泾渭分明，而是持续进行着物质和信息交换，前者从而被看成是后者的一部分。一个封闭的系统被认为是不可持续的。继续向前追溯，这种物与物、人与物界限消弭、广泛互联的认识，至少在西方文明语境中，一定程度上被认为与早至"第二次工业革命"即已萌芽的信息社会（the Society of Information）的发展息息相关，甚或互为因果。而同时被这个以信息的流转和共享为本质特征的信息社会所催生的，还有人们空前强烈的创新与共享意识。

　　强调信息有效生产与传播的创新与共享意识，同样成为促进校园物理空间开放性的内在推手。其主要作用体现在对校园空间宏观规划逻辑的重塑上，即以创新与共享的内涵带动校园空间组织转型。校园空间对外不断以多种形式加大向城市、社区开放与融入的力度，

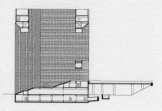

图7 青海国家大学科技园孵化器综合楼实景照片及剖面图

图5 "昌里园"小区围墙改造项目

图6 哈哈墙

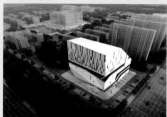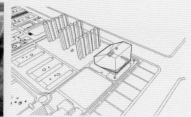

图8 山西传媒学院综合实训楼方案

增进校园与城市片区的资源共享与产业联动，并更主动地引入多元的活跃思维，引发并促进创新活动，形成源自传统开放校园原型又在内容和形式上均对其有所超越的"校城一体"新格局。不止于此，校园空间对内将产研板块更内在地融入其整体格局，赋予新的学科平台和研创中心以更重要的地位，并以桥、廊、道等各种复合化联系方式将原本独立的教学研单元进行更紧密的结合，从而实现开放性在校园内部建筑群落组团层面的贯彻。[1]

——面向外部世界。

2. 虚拟 / 实体：数字空间维度的开放性

如前所述，大学校园物理空间的开放性，无论是与城市还是与自然的关系，概而言之，均与从信息社会到数字时代的历史发展脉络有直接关系，而作为此发展脉络的最新阶段，相较于物理空间上的开放性，校园在数字空间上的开放性，似乎才是开放性在当代最主要的表达形式。

如今，从某种意义上来说，各种网络公开课和以线上会议为方式的知识传播，才是真正的"新校园"。数字信息技术以虚拟而非实体的解决方案，实现了知识创新与传播活动在资源密度和组织效率上质的飞跃，从根本上超越并几乎颠覆了传统建筑空间理论与实践框架，是数字时代对开放校园问题乃至一切普遍的建筑学问题所提出的全新答案与巨大挑战。面对数字信息技术为人的交流共享所带来的无限可能以及与之相伴而来的所谓数字文化（digital culture），传统物理空间和实体经验的意义与价值何在已成为既困难又引人入胜的问题。

作为数字虚拟空间对物理空间冲击影响的体现，同时也是后者对前者应对形式之一，校园空间日益体现出自身功能内容的通用化。由于类型化的功能内容逐渐被数字信息技术所支持的线上虚拟空间所抽离容纳，实体性本身成为物理实体空间意义的重要锚点。换言之，在为人们提供接入数字世界的硬件条件和容身空间之外，实现

人与人之间的实体、真实交流这一去类型功能化的目标——尽管"真实"在此是一个值得深思的用词——几乎成为所有类型建筑共同且唯一的意义所在，而为这种实体交流活动的进行和体验提供必要且有益的物质空间，也就成为其共同归宿。类型建筑，或至少是类型建筑中相当大比例的类型空间部分，正被通用空间所取代。

大学校园建筑中，突破教室边界的、全方位、多样化的交流空间占比显著提高，空间组织模式上呈现出走廊空间功能复合化、首层空间公共化（如植入更多休闲空间、会晤空间、自习空间、书店或书馆空间等）、屋顶空间与建筑间联系空间的社交化等特征。以大学校园与城市空间的视角观之，数字空间或许就是明天的城市，而校园在数字空间上的开放性，即其对数字空间的适应和补足，才真正是校园与城市关系的新动向。[1]

——面向数字文化。

3. 弹性 / 专用：时间维度的开放性

与此同时，作为数字时代及其文化所带来结果的一部分，包括城市的未来在内，人类的未来显示出前所未有的不确定性。事实上，今天任何建筑的任务书，都不再有信心宣称这座建筑是为了、并且将一直是为了某种相对稳定不变的目的而建，"为未来变化预留弹性可能"已成为常规诉求——而在此方面，与人类科学、技术与文化发展直接相关的大学校园建筑尤甚。不仅如此，学科发展作为大学校园建筑发展变化的主要内驱力之一，正随着人类认知边界的不断展拓，体现出多元发展、跨越边界、交叉融合的重要趋向，面临较以往任何时期都明显更多的不确定性，基于学科逻辑的复合学科群落逐渐取代分割松散的独立院系，成为更适应未来教育发展需要的基本组织单元，对校园建筑空间的要求日益多样化和复杂化，并且从以往的"量身定做""精准对接"逐步向综合化、弹性化转变。以近年国内涌现的一批新校园规划设计为例，其中纷纷出现"创新核""学术环""人才湾""公共中心"等去类型化的校园综合

图9 哈佛大学卡朋特中心（Carpenter Center）

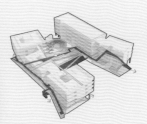

图10 青海大学医学院公共卫生健康研究与临床技能实训基地方案

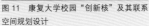

图11 康复大学校园"创新核"及其联系空间规划设计　图12 康复大学图书馆交流空间设计

体建筑新模式。[1]校园空间这种综合与弹性对专用与类型的胜利，实际是其开放性的一种新表现——作为建筑内容的功能（program）在时间维度上向未来开放。一种时间上的开放性。

——面向未来。

三、走向"非简单开放"：校园建筑与城市关系视野下的思考与实践

1. 开放的困境与出路

尽管大学校园建筑的开放性与生俱来，且在全球化与数字化时代的大势所趋之下更成必然，其落地实施在现实中也面临各种问题、困难与挑战。在此两难困境中，校园环境的安全性是核心问题，发生于世界多地的校园枪击事件和近年来疫情防控对校园封闭管理提出的临时要求等都是该问题的具体体现，同样不容忽视。因此，无论是对校园开放性的偏执追求和片面强调，还是对现实问题恐惧回避因而对校园采取消极封闭的退缩态度，都是不可取的。我们认为，当下开放校园即校园建筑与城市关系问题的出路，在于探索一种拥抱开放同时又立足现实的方式，亦即走向"非简单开放"。

2. "非简单开放"设计策略初探

在此我们初步提出几个设计策略和其各自相应的空间模式。这些空间模式，有的就是出于对开放校园问题的思考探索，有的则开始并非专以开放校园为目的，但事后反观，也对开放校园问题有所裨益，日后可作为有意识实现校园开放性的途径之一，于是也统一总结于此。

（1）开闭自如

校园建筑既要保持面向城市开放的姿态，又要便于管理，在日常和特殊情况下的使用中具有封闭的可能，是为"开闭自如"。

1）晕染法（Sfumato），或模糊的边界

给单薄的边界线以一定的宽度和模糊性，以建筑圈层和双围墙等方式构成深厚而可变的边界，代替传统围墙，是一种物理空间维度的晕染法。

尽管更多的是以管理而非设计的手段，现实中即已存在这种空间模式的雏形，而较校园空间涵括更广的城市设计领域，也已更多出现可视为以该模式为手段的项目实践。

以我们正在进行设计的北京科技大学雄安校区项目为例。兼顾上位规划的开放校园理念与校方日常管理诉求，我们的方案设计以师生宿舍、公寓等可预留社会化管理运营的生活设施和部分可对外共享的公共建筑如科创和体育设施等作为校园面向城市的界面，形成一个城校交融的圈层结构，作为城校分野、过渡的带状空间，并根据需要在上述设施位置布置校外、校内两道围墙，从而实现设施不同使用模式场景下的校园边界位置和开闭状态转换（图5）。

2）哈哈墙（Ha-Ha wall），或开放的视线

作为一种古老的空间竖向高程关系原型，哈哈墙的潜力可能远不止于它在英国风景式园林中获得空前偏爱的原因——营造貌似没有边界、融于乡野自然的如绘景观（图6）。它为我们提供了在实质的开放不能完全实现时，局部实现体验上的开放性的思路，即人视线的开放贯通带来的"开放感"。笔断意连。

在青海国家大学科技园孵化器综合楼的设计中，我们将作为校园边界的建筑体量设计为一个开放的窗口，从而保证校园与城市乃至自然环境间的视线贯通，形成开放而非封闭的空间姿态，并梳理利用场地现状高差，实现城校二者间管理上的封闭划分与氛围上的开放融合（图7）。

山西传媒学院综合实训楼同样被设计为以自身标志性形象面向城市的姿态，而位于建筑上下部体量间朝向城市的观景平台，则尝试在校园实际与城市以围墙分隔的情况下，给在校师

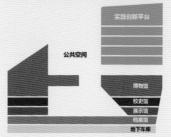

图 13　山西传媒学院综合实训楼公共空间设计

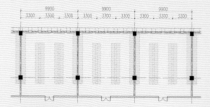

图 14　通用实验室空间单元平面图

图 15　"数字·图书馆"建筑设计课部分学生作业（一）

生以登临眺望、从而在空间体验上感受所在城市环境气息活力的机会（图 8）。

3）散步道（Promenade），或公共的流线

山西传媒学院综合实训楼的观景平台，可以通过一条以室外台阶和休息平台构成的、在建筑外表盘旋而上的室外流线到达。类似的流线也出现在青海大学医学院实验楼和青海大学医学院公共卫生健康研究与临床技能实训基地两个项目的设计中。沟通室外地坪及建筑各层室外空间的散步道，使在校师生甚至社会公众在不干扰日常科研教学的前提下，有机会亲近甚至穿越校园建筑，从而增进建筑内外的了解与交流。而康复大学的"创新核"综合体，则以下部架空的连续无障碍坡道串联起校园各教学、生活组团，形成多元复合的集成化校园建筑空间环境。这种曾以不同方式一再体现在勒·柯布西耶（Le Corbusier）等建筑师的建筑作品中的"散步道"式的空间模式，其实源自欧洲城市空间的悠久传统，其试图将城市性、公共性通过控制之下的人的活动引入原本封闭内向的建筑，可以看作是校园开放性在建筑组团及单体层面的延伸——一种校园建筑自身公共性的营造（图 9~ 图 12）。

（2）虚实相生：有信号的客厅

实体空间的设计策略其实终究是有限的，在全新的数字时代，包括大学校园建筑在内的几乎所有物质空间，实质上都是对数字技术催生并护航的线上虚拟世界开放的，而数字虚拟世界以其超越物理开闭的几乎无限潜能为校园开放性的实现提供了极大的结构性补足。提供良好数据服务的通用多功能交流活动空间正成为建筑空间的新原型——经过装饰的棚屋（decorated shed），进化为有信号的客厅（salon with Wi-Fi）。校园建筑的规划建设要真正将非物质空间纳入设计范畴，使物理实体空间和数字虚拟空间二者共同构成服务大学的、有机整体的空间系统，是为"虚实相生"。

以我们近年所做的数字图书馆课题研究和康复大学图书馆设计为例。信息技术与信息传播方式的革命，给建筑的空间设计和

信息资源组织、利用方式带来的深刻影响，在图书馆这个建筑类型上的体现尤为明显。自 1990 年其概念第一次由美国研究者提出后，"数字图书馆"（或称"虚拟图书馆""电子图书馆"等）即成为亟待探索且引人入胜的话题。通过研究我们发现，一方面，基于人作为信息传播本体对于信息获取的新需求，新的图书馆建筑需要以多层次多要素复合的新空间形态，如信息媒体中心、多元学习中心、多功能交流中心以及文化艺术中心等更好地容纳发生在其中的多元信息交换活动与丰富事件；另一方面，随着数字资源更多替代传统纸媒并由此改变读者阅读模式，新的图书馆建筑需要重塑其信息资源组织架构，从功能较为单一的传统图书储藏与借阅功能转变为包含各种媒介形态的信息集散场所，作为智能化基础设施为各类人群提供数据信息和知识服务，实现各类优质资源的有效汇聚、无缝链接和互联互通，从而促进知识生产与创新。[2] 简言之，数字时代的图书馆，应该是信息化、开放化、人性化的。 康复大学图书馆即是基于这样的研究、作为新型数字图书馆进行设计的，其方案重点关注了建筑中各处多功能交流活动空间组成的公共空间系统的营造。

在山西传媒学院综合实训楼设计中，同样的设计策略则以集中型的高大公共空间得到体现（图 13）。

（3）面向未来：被超越的空间

如果说多功能交流活动空间的设置是面向数字空间对专用类型化空间的补足，那么专用类型化空间的弹性化策略，则是其自身面向未来所做的适应与演进。在大学校园教学、院系、科研学术研究空间的建筑实践中，通过可变的单元边界，合适的柱网和开间尺寸模数，可以构建弹性、通用、模块化、可变性特征的新空间（图 14）。

最后，与建筑空间上的弹性一样向时间开放的，其实是建筑师作为设计主体的工作方式与工作态度，而我们对大学校园建筑的理论思考和设计实践，始终处于进行时。面对现实的局限性，大学校

图16 "数字·图书馆"建筑设计课部分学生作业（二）

园建筑的规划建设，在立足当下的同时，更要着眼未来。在这里，务实、前瞻、进取——而非片面、保守或倒退——的态度更加可取，预留可能，面向未来，现在还做不到的，相信未来可以做到。在这样面向未来开放的工作态度和方式之下，答案可能是超越建筑空间的。2022年春，笔者在清华大学建筑学院进行了以"数字·图书馆"为题的二年级建筑设计课教学。"数字·图书馆"这一题目，既可以解读为数字化的图书馆，从而指向图书馆作为物质空间实体的消解和虚拟化，也可以解读为数字图书之馆，即服务于数字化知识资源的空间场所，从而仍然指向甚或更加凸显图书馆作为物质空间实体对人体验的不可替代性。在此意义上说，数字化时代由科技所支持出现的虚拟现实及去物质化的信息传播，成为建筑学的契机而非阻碍，其使得对建筑空间身体性和物质性乃至建筑本质进行彻底深入反思成为可能。学生作业中，有的以新技术解放传统空间，进而寻找实体建筑环境新的意义和可能，有的在虚拟世界中构建剥除建造的无奈繁冗但保留物质世界精神的全新数字空间，以求给人前所未有的物质和精神体验，有的则将信息的存储和传播视为图书馆的本质，进而以完全摆脱传统建筑学范畴的信息检索阅览界面为其"新建筑"，作为全新的结构组织形态，达到物质空间所不能达到的、以信息为本体对象的功能效率、直观体验与艺术表现。面对数字时代背景下的未来，学生们所呈现的多彩答案、创造力和乐观态度令人印象深刻——他们在或物质或虚拟的新世界中带着挣扎所尽力去除、保留和新创的种种，以及在此过程中所遭遇的关于混沌与秩序、抽象与具体、直角坐标系与极坐标系所代表的空间认知等这些意料之外又情理之中、"不太建筑"也"非常建筑"的问题，使得以人及其体验为核心的建筑学被重新发现。通过直面未知与不确定性、拥抱未来的勇敢探索和努力创造，教学相长，师生共同收获了对建筑未来发展方向乃至建筑学基本问题的新认知（图15、图16）。

超越空间，其实是对空间的重新定义。

四、结语

关于开放校园即大学校园建筑与城市关系问题的认识与实践，应该正视并拥抱开闭问题的复杂性与矛盾性，使校园的规划设计和建设从之前对简单开放的片面追求或否定中解放出来，升级为弹性灵活、既着手现实又放眼未来的2.0版本开放校园，找到开放校园问题的辩证合题——非简单开放。开闭共存、灵活转换、开大于闭，从而走向城市共享、融于自然的校园，走向知识线上生产传播的校园，走向面对未来的校园。

通过开放校园问题，也走向新的建筑学思考与实践。

图片来源
图1 《剑桥独立报》（Cambridge Independent Press）官网
图2 波士顿大学官网
图3 OMA事务所官网
图4 Stoss Landscape Urbanism事务所官网
图5 https://www.archiposition.com/items/20201113035804
图6 https://zhidao.baidu.com/question/28673514.html
图7 实景照片摄影：三景影像
图9 https://www.archdaily.com/119384/ad-classics-carpenter-center-for-the-visual-arts-le-corbusier
图8、图10~图15 作者自绘
图16 刘奕江、罗书宇、卜令芸、朱震骐、陈树怡等设计课学生绘

参考文献
[1] 刘玉龙. 大学校园规划的新动向 [J]. 当代建筑，2022（7）：卷首语.

作者：刘玉龙，祝远
原文发表于《城市设计》2023年2月，有改动。

附录：项目列表

1998 　徐州博物馆
Xuzhou Museum
项目负责人：关肇邺、季元振
建筑专业：刘玉龙、王鹏
结构专业：王增印
机电专业：冬宇辉、章崇清、钱根南
获奖：2000 年度教育部优秀设计二等奖

2000 　东北师范大学图书馆
Main Library of Northeast Normal University
项目负责人：刘玉龙
建筑专业：徐金华
结构专业：薛健宁
机电专业：徐青、刘建华、高桂生

2004 　徐州汉画像石艺术馆
Xuzhou Art Museum of Han Dynasty Stone Reliefs
项目负责人：关肇邺、刘玉龙
建筑专业：刘玉龙、姜娓娓
结构专业：张立新、蔡为新
机电专业：徐青、贾昭凯、崔晓刚

2005 　大连理工大学创新园大厦
Dalian University of Technology Innovation Building
项目负责人：刘玉龙
建筑专业：胡珀
结构专业：李果
机电专业：徐青、于丽华、周春风、崔晓刚、王磊、潘敏
合作单位：DFS 设计公司
获奖：2008 全国优秀工程勘察设计行业奖三等奖
　　　2007 教育部优秀设计建筑设计二等奖

2006 　清华大学医学院
Medical College of Tsinghua University
项目负责人：关肇邺、刘玉龙
建筑专业：胡珀、付昕、姜娓娓
结构专业：李果、王增印
机电专业：贾昭凯、徐青、蔡芝凤、王磊
获奖：2008 全国优秀工程勘察设计奖金奖
　　　2008 全国优秀工程勘察设计行业奖一等奖，2008 第五届中国建筑学会建筑创作奖优秀奖，
　　　2007 北京市第十三届优秀工程设计建筑设计一等奖

　　　望京医院门诊综合楼
Outpatient Building of Wangjing Hospital
项目负责人：刘玉龙
建筑专业：李宝丰
结构专业：韩玲香
机电专业：徐青、贾昭凯、王磊

2008　河南渑池仰韶文化博物馆
Henan MianChi Yangshao Culture Museum
项目负责人：刘玉龙、韩孟臻
建筑专业：王彦、胡珀
结构专业：经杰、祝天瑞
机电专业：徐青、贾昭凯、崔晓刚

克拉玛依石化公司生产指挥中心
Karamay Petrochemical Company Production Command Center
项目负责人：刘玉龙
建筑专业：姜娓娓、郝斌斌、张宁
结构专业：任晓勇、王学军
机电专业：徐青、刘福利、贾昭凯、王磊、潘敏
获奖：2013 年度全国优秀工程勘察设计行业奖三等奖
　　　2013 年度教育部优秀工程设计奖二等奖

2009　华能石岛湾核电厂厂前区建筑
Administrative and Living Quarter, Huaneng Shidaowan Nuclear Power Plant
项目负责人：刘玉龙、莫修权
建筑专业：张晋芳、程旭东
结构专业：任晓勇
机电专业：徐青、昭凯、于丽华、崔晓刚
获奖：2012 年中国装饰混凝土设计大赛入围奖

2011　清华大学罗姆楼电子工程系馆
ROHM Building of Tsinghua University Department of Electronic Engineering
项目负责人：刘玉龙、姚红梅、姜娓娓
建筑专业：姜娓娓
结构专业：经杰
机电专业：徐青、贾昭凯、王磊

先正达北京生物科技研究实验室
Syngenta Beijing Biotechnology Research Laboratory
项目负责人：刘玉龙、吴宝智
建筑专业：谢剑洪、孙峤、罗君、唐定华
结构专业：江波、罗云兵
机电专业：崔艳辉、刘建华、郭红艳
获奖：2013 教育部优秀工程设计奖二等奖
　　　2012 中国建筑学会建筑设计奖银奖

2013　徐州市中心医院住院综合楼
Inpatient Building of Xuzhou Central Hospital
项目负责人：刘玉龙
建筑专业：姚红梅、王彦
结构专业：任晓勇
机电专业：徐青、贾昭凯、崔晓刚
合作单位：徐州市建筑设计研究院有限责任公司
获奖：2019 全国优秀工程勘察设计行业奖三等奖
　　　2019 教育部优秀设计奖二等奖

河北博物馆
Hebei Museum
项目负责人：关肇邺、刘玉龙
建筑专业：韩孟臻、胡珀、解霖
结构专业：李果
机电专业：徐青、于丽华、王磊、崔晓刚
合作单位：河北省建筑设计研究院
获奖：2013 全国优秀工程勘察设计行业奖一等奖
　　　第八届中国威海国际建筑设计大奖赛优秀奖

北京交通大学平谷校区规划
Campus planning of the Pinggu Campus of Beijing Jiaotong University
项目负责人：庄惟敏
建筑专业：刘玉龙、莫修权、王彦、王宇婧

2014　　徐州市中心医院新城区医院
Xuzhou Central Hospital Xincheng District Hospital
项目负责人：刘玉龙
建筑专业：姚红梅、王彦、许原象
结构专业：任晓勇
机电专业：徐青、贾昭凯、崔晓刚
合作单位：徐州市建筑设计研究院有限责任公司

北京清华长庚医院
Beijing Tsinghua Changgeng Hospital
项目负责人：刘玉龙、姚红梅
建筑专业：胡珀、王彦、许原象、王洪强、李丹
结构专业：李果、经杰
机电专业：徐青、贾昭凯、王磊、崔晓刚
合作单位：台塑集团营建部、工务处
　　　　　刘培森建筑师事务所

中国驻印尼大使馆经济商务处
Economic and Commercial Office of the Embassy of China in Indonesia
项目负责人：单军、刘玉龙
建筑专业：刘玉龙、胡珀、王育娟
结构专业：经杰
机电专业：徐青、于丽华、王磊

2015　　山东农业大学科技创新大厦
Laboratory for Scientific and Technological Innovation, Shandong Agricultural University
项目负责人：刘玉龙
建筑专业：胡珀、王彦、孔德高、孙立新、关旭辉
结构专业：任晓勇
机电专业：徐青、贾昭凯、崔晓刚、吉兴亮、赵涛、张松
获奖：2017 年度教育部优秀设计奖三等奖

北京老年医院
Beijing Geriatric Hospital
项目负责人：刘玉龙
建筑专业：姚红梅、王彦、王洪强、孙德高
结构专业：任晓勇、蔡为新
机电专业：徐青、贾昭凯、韩佳宝、崔晓刚
获奖：2019 年度全国优秀工程勘察设计行业奖二等奖
2019 年度北京市优秀工程设计奖公共建筑综合奖一等奖

河南中医药大学图书馆
Main Library of Henan University of Chinese Medicine
项目负责人：刘玉龙
建筑专业：韩孟臻、郝斌斌、孔德高、孙立新、张超
结构专业：任晓勇、王学军
机电专业：刘福利、于丽华、崔晓刚
获奖：2019 年度全国优秀工程勘察设计行业奖三等奖
2019 年度北京市优秀工程设计奖公共建筑综合奖一等奖
2017-2018 中国建筑学会建筑设计奖 建筑创作 – 公共建筑类优秀奖

2016　清华大学图书馆北楼
North Building of Tsinghua University Library
项目负责人：关肇邺、刘玉龙、姚红梅
建筑专业：韩孟臻、程晓喜、王彦、姜娓娓
结构专业：经杰
机电专业：徐青、于丽华、崔晓刚
获奖：2009-2019 中国建筑学会建筑创作大奖
2019 年度全国优秀工程勘察设计行业奖一等奖
2019 年度教育部优秀设计奖

南开大学津南校区理科组团
Science Cluster of Jinnan Campus of Nankai University
项目负责人：刘玉龙、姜娓娓、张晋芳
建筑专业：姜娓娓、韩孟臻、程晓喜、王彦、关旭辉
结构专业：任晓勇
机电专业：刘福利、徐青、贾昭凯、韩佳宝、崔晓刚、王磊
获奖：2019 年度全国优秀工程勘察设计行业奖三等奖
2019 年度北京市优秀工程设计奖公共建筑综合奖二等奖

青海大学图书馆
Main Library of Qinghai University
项目负责人：刘玉龙
建筑专业：王彦、邬国飞
结构专业：祝天瑞、李果、刘梦娇
机电专业：刘福利、于丽华、崔晓刚
获奖：2021 年北京市优秀工程设计奖建筑工程设计综合奖（公共建筑）二等奖

山东农业大学校园规划
Campus Planning of Shandong Agricultural University
项目负责人：刘玉龙
建筑专业：王彦、姚红梅、程晓喜、孙明录、祝远
获奖：2021 年教育部优秀工程设计奖规划设计三等奖

2017　　三才堂清华校友总会办公室
Sancaitang Tsinghua Alumni Association Office
项目负责人：刘玉龙、姜娓娓
建筑专业：姜娓娓、田雨、关旭辉
结构专业：经杰、唐忠华
机电专业：刘福利、张伟、贾昭凯、崔晓刚、徐慧影
获奖：2019 教育部优秀设计奖三等奖
　　　2019–2020 中国建筑学会建筑设计奖公共建筑二等奖

中央民族大学校园规划
Campus Planning of Central University for Nationalities
项目负责人：关肇邺、刘玉龙
建筑专业：程晓喜、韩孟臻、姚红梅

青海大学藏医药综合楼
Tibetan Medicine Complex Building of Qinghai University
项目负责人：刘玉龙
建筑专业：王彦、邬国飞
结构专业：经杰
机电专业：刘福利、于丽华、崔晓刚

2018　　长安大学校园规划
Campus Planning of Chang'an University
项目负责人：刘玉龙
建筑专业：孙博怡、王博、刘兵、赵静怡、董畅、曹鑫鑫

2020　　青海大学科技园孵化器综合楼
Incubator Building of the QHU National Science Park
项目负责人：刘玉龙、姚红梅、胡珀
建筑专业：胡珀、李炎、祝远、关旭辉、刘国松
结构专业：唐忠华
机电专业：刘福利、于丽华、徐慧影
获奖：2021 年教育部优秀设计奖建筑设计二等奖

青海海北藏族自治州中藏医康复中心
The Chinese and Tibetan Medicine Rehabilitation Center of Haibei Tibetan Autonomous Prefecture
项目负责人：刘玉龙、胡珀、姚红梅
建筑专业：李炎、祝远、王灏霖、于晓苏、朱丽
结构专业：任晓勇
机电专业：刘福利、于丽华、崔晓刚
获奖：Art of Europe international architectural art Award（佛罗伦萨 – 艺术欧洲国际建筑奖）

山东农业工程学院淄博校区
Zibo Campus of Shandong Agricultural Engineering College
项目负责人：刘玉龙
建筑专业：姚红梅、王彦、孙华阳、孙明录
合作单位：淄博市规划设计研究院有限公司、淄博市建筑设计研究院有限公司
获奖：2021 年教育部优秀工程设计奖 规划设计二等奖

中原科技学院校园规划
Campus Planning of Zhongyuan Institute of Science and Technology
项目负责人：刘玉龙
建筑专业：王彦、姚红梅、孙华阳、孙明录、牟袁蕾

四川大学校园规划
Campus planning of Sichuan University
项目负责人：刘玉龙
建筑专业：孙博怡、王灏霖、刘兵、唐漫、明玉洁、蒋会来
获奖：2020 年全国工程咨询优秀成果奖一等奖

山东农业大学经管学院教学楼
School of Economics and Management, Shandong Agricultural University
项目负责人：刘玉龙、胡珀
建筑专业：祝远、关旭辉、王涂玥、李亚娟
结构专业：祝天瑞
机电专业：徐青、贾昭凯、潘敏

2021

北京大学医学部医学科研实验楼
Medical Research Laboratory Building, Peking University Health Science Center
项目负责人：刘玉龙、姚红梅、胡珀
建筑专业：胡珀、赵新隆
结构专业：任晓勇
机电专业：徐青、韩佳宝、贾昭凯、崔晓刚

长安大学师生活动中心
Student and Staff Center, Chang'an University
项目负责人：刘玉龙
建筑专业：孙博怡、李炎、李杨、刘兵、金基天、于晓苏
结构专业：祝天瑞、刘梦娇、高翔、李果
机电专业：王李杰、张磊、刘玖玲、李沁笛、陈帅元、刘加根、刘建华、艾涛、李晓敏、徐华

重庆医科大学科技楼
Laboratory Buildings of Chongqing Medical University, Chongqing
项目负责人：刘玉龙、姚红梅
建筑专业：祝远、彭海曦
结构专业：任晓勇、祝天瑞
机电专业：刘福利、张伟、于丽华、韩佳宝、张松、韩晓燕

北京华信医院门诊综合楼
Outpatient Building of Beijing Huaxin Hospital
项目负责人：刘玉龙
建筑专业：姚红梅、王彦、彭海曦、王宇婧、杜云鹤、池思雨
结构专业：任晓勇
机电专业：郝金珠、韩佳宝、王磊

2022 山西传媒学院综合实训楼
Exhibition and Training Building, Communication University of Shanxi
项目负责人：刘玉龙、姚红梅
建筑专业：祝远、彭海曦
结构专业：任晓勇、王学军
机电专业：刘福利、吉兴亮、韩佳宝、于丽华、崔晓刚、韩晓燕

青岛科技大学淄博校区
Zibo Campus of Qingdao University of Science and Technology
项目负责人：刘玉龙
建筑专业：姚红梅、王彦、杜云鹤、李尚、池思雨
合作单位：淄博市规划设计研究院有限公司、淄博市建筑设计研究院有限公司

长安大学交通平台
Transportation Platform of Chang'an University
项目负责人：刘玉龙、盛文革
建筑专业：孙博怡、李炎、刘兵、于晓苏、廖雨蝉、董畅
结构专业：杨霄、苗磊、王力、杨镇荣、赵天文
机电专业：孙敬刚、方京鹏、尹文博、侯青燕、孔文赠、郝俊勇、李少雷、刘杰、
　　　　　胡威、李晓敏、刘香港、董昕、艾涛

张家口市万全区第二医院高新分院
Zhangjiakou Wanquan District Second Hospital Gaoxin Branch
项目负责人：刘玉龙、孙博怡
建筑专业：孙博怡、王灏霖、李炎、刘兵、李杨、金基天、胡珀
结构专业：任晓勇、蔡为新、李果
机电专业：李妍、付超、郝金珠、刘福利、韩佳宝、杜广文、张宇祥、于丽华、贾昭凯、
　　　　　崔晓刚、王磊、徐慧影、张松、韩晓燕

中国中医科学院大学校园规划
Campus Planning of University of China Academy of Chinese Medical Sciences
项目负责人：刘玉龙、莫修权
建筑专业：莫修权、孙峰、王彦、胡珀、艾星、任培、孟红卫、孟一诺、赵新隆、魏鑫刚、
　　　　　关旭辉、周棹帆、裴军、宋志超、李孟洋、林让、朱明月、连玉叶
合作单位：启迪设计集团

山东大学动物实验中心
Laboratory for Animal Experiment, Shandong University
项目负责人：刘玉龙、姜娓娓
建筑专业：姜娓娓、李炎、田雨
结构专业：祝天瑞
机电专业：刘福利、于丽华、张松

武汉工程大学教育教学综合楼
Teaching and Administrtive Building of Wuhan Institute of Technology
项目负责人：刘玉龙、姚红梅
建筑专业：祝远、宋志超、魏鑫刚
结构专业：任晓勇
机电专业：吉兴亮、刘福利、贾昭凯、花新齐

2023

北京大学第三医院秦皇岛医院
Peking University Third Hospital Qinhuang dao Hospital
项目负责人：刘玉龙、姚红梅、胡珀
建筑专业：王彦、王宇婧、关旭辉、王涂玥
结构专业：李果、蔡为新
机电专业：贾昭凯、刘福利、张伟、王磊
获奖：2016 年度北京市优秀工程咨询成果奖二等奖

广州老年医院
Guangzhou Geriatric Hospital
项目负责人：刘玉龙、姚红梅、孙博怡
建筑专业：孙博怡、王灏霖、李炎、于晓苏、刘兵、李杨
结构专业：李果、蔡为新、任晓勇
机电专业：刘福利、张伟、刘玖玲、韩佳宝、杜广文、于丽华、贾昭凯、崔晓刚、王磊、
　　　　　张松、韩晓燕

康复大学创新核
Innovation Center of Rehabilitation University
项目负责人：刘玉龙、黄献明、姚红梅、胡珀
建筑专业：任培、黄献明、关旭辉、孙明录、宋志超、郭梦铭
结构专业：任晓勇
机电专业：刘福利、张伟、韩佳宝、崔晓刚、徐慧影、韩晓燕
合作单位：M.Arthur Gensler Jr.& Associates, Inc

中国驻安提瓜和巴布达大使馆
Embassy of China in Antigua and Barbuda
项目负责人：刘玉龙、莫修权
建筑专业：莫修权、凌厉、李孟洋、蔡昆洋
结构专业：李果、刘梦姣
机电专业：刘福利、于丽华、王磊

北京科技大学雄安新校区规划
Campus Planning of the Xiong'an Campus of University of Science and Technology Beijing
项目负责人：庄惟敏、刘玉龙、莫修权
建筑专业：莫修权、王彦、祝远、李尚、杜云鹤、孙名录、张馨月、牟袁蕾、裴军、宋志超、彭海曦、关旭辉

北京交通大学雄安新校区规划
Campus Planning of the Xiong'an Campus of Beijing Jiaotong University
项目负责人：庄惟敏、刘玉龙
建筑专业：莫修权、艾星、李培坚、孟一诺、周棹帆、张吉星、朱明月
合作单位：北京交通大学勘察设计院

北京大学昌平校区现代农学院与先进技术综合科研大楼
Research Building of School of Advanced Agricultural Sciences. Changping Campus of Peking University
项目负责人：刘玉龙、姚红梅、韩孟臻
建筑专业：赵芃、任培、王萧然、杜云鹤、孙明录、潘恒言、赵丛丛
结构专业：王岚、李果、蔡为新
机电专业：刘福利、郝金珠、王磊、徐慧影、潘敏、贾启超

本书在成书过程中受益于黄献明、祝远、王韬、韩孟臻、王彦同仁的支持、帮助与建议。祝远和牟袁蕾协助进行了本书的资料整理、图文编辑等工作。谨此附记并致谢。
本书中未注明出处的照片、图纸均来自清华大学建筑设计研究院。

图书在版编目（CIP）数据

空间营造 / 刘玉龙著 . —北京：中国建筑工业出版社，2023.4
ISBN 978-7-112-28447-4

Ⅰ.①空… Ⅱ.①刘… Ⅲ.①建筑设计—作品集—中国—现代 Ⅳ.① TU206

中国国家版本馆CIP数据核字（2023）第036879号

责任编辑：刘　静　徐　冉
责任校对：王　烨

空间营造

刘玉龙　著

*

中国建筑工业出版社出版、发行（北京海淀三里河路9号）

各地新华书店、建筑书店经销

北京海视强森文化传媒有限公司制版

北京雅昌艺术印刷有限公司印刷

*

开本：965毫米×1270毫米　1/16　印张：17$\frac{1}{2}$　字数：471千字

2023年4月第一版　　2023年4月第一次印刷

定价：**228.00**元

ISBN 978-7-112-28447-4

（40891）